Deterioração dos pavimentos r[...] **...formulação**

GADOURI Hamid
MEZIANI Brahim

Deterioração dos pavimentos rodoviários, ensaios rodoviários e formulação

Domínio dos estudos do estado dos pavimentos rodoviários e dos ensaios efectuados com materiais betuminosos e betões

ScienciaScripts

This book is a translation from the original published under ISBN 978-620-3-45898-5.

Publisher:
Sciencia Scripts
is a trademark of
Dodo Books Indian Ocean Ltd. and OmniScriptum S.R.L publishing group

120 High Road, East Finchley, London, N2 9ED, United Kingdom
Str. Armeneasca 28/1, office 1, Chisinau MD-2012, Republic of Moldova, Europe

ISBN: 978-620-7-30157-7

Conteúdo

Prefácio

O presente livro, intitulado "**DETERIORAÇÃO DE PAVIMENTOS RODOVIÁRIOS, ENSAIOS RODOVIÁRIOS E FORMULAÇÃO**", destina-se a estudantes de geologia de engenharia e de geotecnia, nomeadamente aos que se especializam em engenharia rodoviária. Apresenta uma síntese dos conhecimentos teóricos e práticos básicos relativos à construção de pavimentos rodoviários, centrando-se em três capítulos fundamentais.

O primeiro capítulo, intitulado "Critérios, métodos e procedimentos de avaliação dos danos no pavimento rodoviário", aborda os vários critérios e métodos utilizados para avaliar os danos no pavimento.

O segundo capítulo, intitulado "Ensaios de Identificação de Estradas", centra-se nos ensaios utilizados para identificar as características e propriedades dos pavimentos rodoviários. São analisados os vários métodos de ensaio, como os ensaios laboratoriais e in situ, para avaliar o desempenho dos materiais utilizados na construção dos pavimentos, bem como os aspectos das cargas de tráfego e das condições ambientais na conceção dos pavimentos.

O terceiro capítulo, intitulado "Formulação de misturas betuminosas", aborda a formulação e as propriedades das misturas betuminosas utilizadas na construção de pavimentos, explorando os componentes das misturas betuminosas, os processos de mistura e fabrico, bem como os aspectos relacionados com a durabilidade e o desempenho dos pavimentos.

De uma forma geral, este livro proporciona aos leitores uma compreensão aprofundada das várias fases da construção e reavaliação de pavimentos rodoviários. Está em conformidade com o programa oficial do Ministério do Ensino Superior e da Investigação Científica da Argélia (MESRS) e tem como objetivo ajudar os futuros engenheiros a desenvolver as competências necessárias para enfrentar os desafios das estruturas de pavimentos rodoviários na sua prática profissional.

INTRODUÇÃO GERAL

O livro **"Degradação de pavimentos rodoviários, ensaios rodoviários e formulação"** oferece uma abordagem abrangente e aprofundada da construção e reavaliação de pavimentos rodoviários. Destina-se a estudantes de geologia de engenharia e de geotecnia, centrando-se nos aspectos essenciais da engenharia rodoviária.

Os capítulos deste livro estão cuidadosamente estruturados para cobrir as principais áreas relacionadas com as estruturas dos pavimentos rodoviários. O primeiro capítulo, **"Critérios, modo e métodos de avaliação dos danos em pavimentos rodoviários"**, aborda os critérios e métodos utilizados para avaliar os danos em pavimentos.

O segundo capítulo, **"Ensaios de Identificação de Estradas"**, centra-se nos ensaios utilizados para identificar as características e propriedades dos pavimentos rodoviários, com ênfase nos métodos de ensaio laboratoriais e de campo (ensaios in situ). As cargas de tráfego e as condições ambientais são também examinadas no contexto do projeto de pavimentos.

O terceiro capítulo, **"Formulação do betão asfáltico"**, aborda especificamente a formulação e as propriedades do betão asfáltico utilizado na construção de pavimentos, explorando os componentes, os processos de mistura e de fabrico, bem como as considerações relativas à durabilidade e ao desempenho do pavimento.

Este livro foi elaborado em conformidade com o programa oficial do Ministério do Ensino Superior e da Investigação Científica da Argélia (MESRS). O seu principal objetivo é ajudar os futuros engenheiros a adquirir as competências necessárias para enfrentar os desafios das estruturas de pavimentos rodoviários na sua prática profissional.

Em suma, este livro é uma ferramenta indispensável para os estudantes de engenharia rodoviária, proporcionando-lhes uma compreensão aprofundada das várias fases da construção, avaliação e formulação do betão betuminoso para pavimentos rodoviários. O seu objetivo é fomentar o desenvolvimento de competências sólidas e preparar os futuros engenheiros para enfrentar os desafios práticos desta área.

CAPÍTULO I
CRITÉRIOS, MODO E MÉTODOS DE AVALIAÇÃO DE DANOS NOS PAVIMENTOS RODOVIÁRIOS
1.1 Introdução

A deterioração e o desgaste dos pavimentos rodoviários são o resultado de vários fenómenos que ocorrem durante a vida do pavimento. As causas são múltiplas e os modos de deterioração variam consoante essas causas. As tensões mecânicas e térmicas são as principais causas da degradação do pavimento rodoviário e devem ser tidas em conta durante a fase de conceção do pavimento e na seleção dos componentes do pavimento. A fase de construção também tem um grande impacto na durabilidade do pavimento.

A boa compactação das camadas granulares ou ligadas, a ligação das camadas betuminosas e a boa execução das juntas são condições importantes para uma estrada durável que ofereça conforto e segurança aos utentes. Por conseguinte, deve ser dada especial atenção a todos estes fenómenos durante as fases de conceção e construção do pavimento. A compreensão destes modos de deterioração e de desgaste é igualmente importante durante a vida do pavimento, a fim de assegurar uma manutenção correcta do pavimento e prolongar a sua vida útil. A escolha das técnicas de manutenção deve passar imperativamente por uma análise correcta das causas da deterioração observada. Este assunto poderá ser objeto de outro artigo no futuro.

1.2 Critérios e método de avaliação dos danos causados às estradas
1.2.1 Critérios de avaliação

A avaliação dos pavimentos baseia-se num conjunto de medições e observações visuais que permitem estabelecer o estado da estrutura, diagnosticar as causas da deterioração aparente e direcionar as soluções de reabilitação mais adequadas. No caso de medições como as características geométricas ou físicas do pavimento, é mais fácil estabelecer critérios que sirvam de base à avaliação e à reabilitação. No caso de observações destinadas a caraterizar a degradação superficial e o estado do pavimento, torna-se mais difícil estabelecer tais critérios (MTQ, AIMQ 2002).

Para ultrapassar esta dificuldade, é muito necessário formalizar a caraterização das anomalias superficiais dos pavimentos e elaborar uma síntese que possa ser acessível ao pessoal envolvido nesta atividade: esta síntese, baseada nomeadamente numa série de fotografias e esboços, permite categorizar as degradações superficiais dos pavimentos flexíveis e obter uma forma de medir a sua extensão e gravidade de forma objetiva, coerente e harmonizada com os procedimentos correntes mais comuns. O objetivo é melhorar a comunicação e facilitar as comparações, uniformizando as designações e os tipos de medições das deficiências. Cada tipo de deterioração é descrito em termos gerais e é objeto de uma ficha que enumera as causas mais prováveis da deterioração e descreve os três níveis de gravidade (baixa, média e grave). Em geral, para cada deterioração, os três níveis de gravidade incluem os seguintes conceitos:

Baixo: Este nível corresponde à fase inicial de deterioração: os primeiros sinais aparecem por vezes de forma intermitente num segmento de estrada e o avaliador deve estar atento para detetar os sintomas de deterioração. Este estado é muitas vezes difícil de perceber por um observador que viaja num veículo a uma velocidade de cerca de 50 km/h. À velocidade máxima autorizada, o conforto de condução não é afetado, ou é-o apenas de forma muito limitada.

Médio : Este verão indica uma deterioração contínua e facilmente percetível para um observador que viaje a uma velocidade de cerca de 50 km/h. À velocidade máxima autorizada, o conforto de condução é significativamente reduzido pela maior parte da deterioração.

Grave: Esta condição indica que a degradação é acentuada e evidente, mesmo para um observador que viaje à velocidade máxima permitida. O conforto da condução é geralmente reduzido e, nalguns casos, a segurança à velocidade máxima pode ser comprometida. Quando este estado é atingido, devem ser considerados trabalhos de reparação ou correção o mais rapidamente possível.

1.2.2 Método de avaliação

A norma PP44-01 da AASHTO *"Quantificação de fissuras na superfície de pavimentos asfálticos"* tem como objetivo simplificar a classificação das fissuras, assegurando assim resultados de medição mais consistentes ao longo do tempo e uma maior fiabilidade para efeitos de gestão do pavimento. Parte do bloco de fissuração foi baseado nesta norma. O conceito consiste em dividir cada faixa de rodagem analisada em "5" faixas, ou seja, "2" faixas para as marcas de rodas e "3" faixas para as marcas de não rodas. Tendo em conta o sentido do tráfego, a faixa número "1" situa-se do lado esquerdo e a faixa número "5" do lado direito da via a ensaiar (Figura I.1).

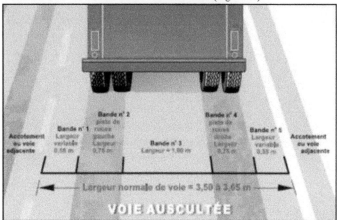

Figura I.1 - Pormenores das faixas de monitorização da fendilhação (degradação) (MTQ-AIMQ 2002).

Nesta base, pode ser estabelecida uma taxa de fissuração para cada faixa a partir das fissuras detectadas em comprimento e largura. As fissuras nas faixas de rodagem estão principalmente associadas a cargas de tráfego e a danos por fadiga, enquanto as fissuras noutras faixas são atribuíveis a causas mais variadas, como o gelo e o envelhecimento, ou a defeitos de construção. Convém, no entanto, notar que, muitas vezes, em meio urbano ou no caso de geometrias particulares com faixas de rodagem largas, o princípio da monitorização das faixas de rodagem para deteção de fissuras pode revelar-se difícil de aplicar ou mesmo inadequado.

1.3 Degradação de pavimentos flexíveis e semi-rígidos

De um modo geral, as degradações observadas nos pavimentos flexíveis e semi-rígidos podem ser classificadas em cinco famílias principais, que se apresentam de seguida com exemplos fotográficos (CTTP 1995, 1996; LCPC-IFSTTAR 1998; MTQ-AIMQ 2002):

Família de deformações ;
Uma família espetacular ;
Família rasgada ;
Família de movimentos de materiais ;
Família de danos urbanos.

1.3.1 Família de deformação

São deformações que provocam alterações no pavimento, dando à superfície um aspeto diferente do desejado. Estas deformações, que têm origem no corpo do pavimento, afectam geralmente as camadas inferiores antes de atingirem a camada superficial e podem ser distinguidas de acordo com a sua forma ou localização da seguinte forma

1.3.1.1 Sulco de pequeno raio

O sulco de pequeno raio é uma depressão longitudinal simples, dupla e por vezes tripla, com cerca de 250 mm de largura, localizada nas marcas de rodas. O perfil transversal destas depressões é frequentemente semelhante ao das marcas de pneus simples ou duplos.

1.3.1.1.1 Dimensão e âmbito

Os três níveis de gravidade de um sulco de pequeno raio são apresentados na Figura I.2. A extensão representa a percentagem do comprimento total das áreas afectadas em relação ao comprimento total do troço em estudo.

Baixo Médio   Grande

Figura I.2 - Gravidade de um sulco de pequeno raio (MTQ-AIMQ 2002).

Baixa: a profundidade do sulco é inferior a 10 mm.

Médio: neste nível, o sulco tem uma profundidade de 10 a 20 mm.

Grande: a profundidade do sulco é superior a 20 mm.

1.3.1.1.2 Causas prováveis

Os materiais granulares que constituem a base dos pavimentos flexíveis são, por vezes, pouco rígidos. A repetição de tensões verticais elevadas provoca deformações plásticas que se reflectem em deformações permanentes na superfície do pavimento. As causas prováveis dos afundamentos em pequenos raios são :

Asfalto com estabilidade reduzida em tempo quente (por exemplo: betume demasiado mole ou sobredosagem);

Asfalto demasiado fraco para suportar o tráfego pesado;

Compactação insuficiente do asfalto durante a instalação;

Desgaste do revestimento da superfície (abrasão).

1.3.1.2 Sulco de grande raio

Caracteriza-se por uma única depressão longitudinal localizada nas lagartas das rodas. A forma transversal da depressão corresponde à de uma curva parabólica muito acentuada.

1.3.1.2.1 Dimensão e âmbito

Os três níveis de gravidade de um sulco de grande raio são apresentados na Figura I.3. A extensão representa a percentagem do comprimento total das áreas afectadas em relação ao comprimento total do troço estudado.

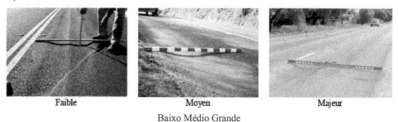

Faible   Moyen   Majeur

Baixo Médio Grande

Figura I.3 - Gravidade de um sulco de grande raio (MTQ-AIMQ 2002).

Fraco: a profundidade do sulco é inferior a 10 mm;

Média: a profundidade do sulco é de 10 a 20 mm;

Grande: a profundidade do sulco é superior a 20 mm.

1.3.1.2.2 Causas prováveis

As causas mais plausíveis e frequentes dos sulcos de grande raio são as seguintes

Envelhecimento (acumulação de deformações permanentes) ;

Compactação insuficiente das camadas granulares durante a construção;

Capacidade estrutural insuficiente da faixa de rodagem ;

Má drenagem dos materiais granulares do pavimento (por exemplo, durante os períodos de degelo) e desgaste.

1.3.1.3 Subsidência

Trata-se de uma distorção do perfil no bordo da faixa de rodagem ou na proximidade de condutas subterrâneas, ou de uma depressão muito pronunciada e muitas vezes bastante extensa, situada no bordo ou a toda a largura.

1.3.1.3.1 Dimensão e âmbito

Os três níveis de gravidade da subsidência são apresentados na Figura I.4. A extensão é a percentagem da superfície total afetada em relação à superfície da secção estudada.

| Faible | Moyen | Majeur |
| Baixo | Médio | Grande |

Figura I.4 - Gravidade de uma subsidência (Por S. Sihem 2017, Argélia).

Baixa: é definida por uma desnivelaçao cuja profundidade é inferior a 20 mm abaixo da regra dos 3 m;

Média: a profundidade de clivagem situa-se entre 20 e 40 mm abaixo da regra dos 3m; **Grande:** corresponde a uma profundidade de clivagem superior a 40 mm abaixo da regra dos 3m.

1.3.1.3.2 Causas prováveis

Os colapsos de vias flexíveis são frequentemente causados pela instabilidade do aterro, pela presença de materiais inadequados ou mal compactados, pela sobrecarga argilosa, pela secagem do solo de suporte e pelo mau estado das redes subterrâneas (em zonas urbanas). Existem outras razões, como o subdimensionamento local, a poluição da superfície da estrada ou a construção localmente defeituosa.

1.3.1.4 Levantamento diferencial

O alteamento diferencial é definido como a dilatação local do pavimento durante os períodos de geada, tanto paralela como perpendicular ao eixo do pavimento.

1.3.1.4.1 Dimensão e âmbito

Os três níveis de gravidade do alteamento diferencial são apresentados na Figura I.5. A extensão é a percentagem total da área afetada por este tipo de degradação em relação à área total da superfície da secção estudada.

Baixa: Desnivelação progressiva com uma altura inferior a 50 mm;

Meio : Desnivelamento progressivo com uma altura entre 50 e 100 mm ;

Major: Desnivelação progressiva com uma altura superior a 100 mm ou desnivelação súbita de qualquer altura.

| Faible | Moyen | Majeur |
| Baixo | Médio | Grande |

Figura I.5- Gravidade de um alçado diferencial (MTQ-AIMQ 2002).

1.3.1.4.2   Causas prováveis
As causas mais plausíveis são :
Infra-estruturas de geada, um fenómeno recorrente no inverno;
Materiais sensíveis à humidade, um fenómeno permanente ;
Lençol freático elevado e presença de água nas proximidades do passadiço;
Heterogeneidade dos materiais ou transição inadequada no pavimento ;
Condutas subterrâneas pouco profundas (ambiente urbano).

1.3.1.5 Perturbação do perfil
A desordem do perfil é observada no caso de declives e geometrias inadequados que favorecem a acumulação de água de escoamento em poças na superfície da faixa de rodagem.

1.3.1.5.1   Dimensão e âmbito
Os três níveis de gravidade de uma perturbação do perfil são apresentados na Figura I.6. A extensão é a percentagem da superfície total afetada por este tipo de degradação em relação à superfície total da secção estudada.

Faible   Moyen   Majeur
Baixo Médio Grande
Figura I. 6 - Gravidade de uma perturbação de perfil (MTQ-AIMQ 2002).
Baixa: Acumulação de água a uma profundidade inferior a 20 mm ;
Meios : A água acumula-se a uma profundidade de 20 a 40 mm ;
Importante: Acumulação de água a uma profundidade superior a 40 mm.

1.3.1.5.2   Causas prováveis
Os fenómenos que causam danos nos perfis são geralmente pontos baixos não drenados e afundamentos ao longo dos lancis.

1.3.2   Uma família fantástica
As tensões de flexão alternadas e repetidas no revestimento betuminoso de um pavimento flexível conduzem à degradação por fadiga, sob a forma de fissuras que são inicialmente isoladas e que depois evoluem gradualmente para uma fissura de pequena dimensão. A fendilhação é definida como uma falha do pavimento ao longo de uma linha, com ou sem rutura do corpo do pavimento. Podem afetar apenas a camada de desgaste, ou parte ou a totalidade do corpo do pavimento.

1.3.2.1 Fissuras transversais
As fissuras transversais ocorrem quando o pavimento se parte relativamente perpendicularmente à direção da estrada, geralmente em toda a largura da faixa de rodagem.

1.3.2.1.1   Dimensão e âmbito
Os três níveis de gravidade das fissuras transversais são apresentados na figura I.7. A extensão é a percentagem da superfície total da zona afetada em relação à área da secção transversal do levantamento.

8

Faible   Moyen   Majeur

Baixo Médio Grande

Figura I.7 - Gravidade das fissuras transversais (MTQ-AIMQ 2002).

Baixa: Fissuras simples e intermitentes com aberturas inferiores a 5 mm. Os bordos são geralmente limpos e bem definidos;

Meio: Fissuras simples ou múltiplas ao longo de uma fissura principal, estando estas últimas abertas de 5 a 20 mm. Os bordos estão por vezes corroídos e ligeiramente deprimidos. Sem ser incómoda, a fenda é percetível para o utilizador;

Major: Fissuras simples ou múltiplas ao longo de uma fissura principal, estando esta última aberta mais de 20 mm. Os bordos estão muitas vezes erodidos e há afundamento ou congelamento na proximidade da fenda. O conforto de rolamento é reduzido pela deformação da superfície.

1.3.2.1.2   Causas prováveis

As fissuras transversais são causadas pelos fenómenos apresentados ao lado:

Retração térmica ;

Envelhecimento e fragilização do betume ;

Junta de construção mal executada (paragem e recomeço dos trabalhos de colocação de asfalto);

Redução da secção transversal do revestimento.

Ocasionalmente, ocorrem deslizamentos do pavimento, que são movimentos muito grandes da camada superficial devido a uma ligação insuficiente com a camada de base e a uma estabilidade insuficiente do pavimento. São iniciados por fissuras diagonais no arco da roda e por fissuras parabólicas claras.

À medida que a água se infiltra mais facilmente, os fenómenos aceleram-se: esboroamento nos bordos das fissuras, com fuga de material, seguido da formação de buracos. Se o pavimento não for mantido, evoluirá muito rapidamente para a sua destruição total.

1.3.2.2 Fissuras longitudinais nas lagartas das rodas

Caracterizam-se por uma rutura da superfície paralela à direção da estrada e localizada nas marcas de rodas.

1.3.2.2.1   Dimensão e âmbito

Os três níveis de gravidade das fissuras longitudinais nas vias de rolamento são apresentados na figura I.8. A extensão é a percentagem do comprimento afetado em relação ao comprimento da secção do levantamento.

Faible   Moyen   Majeur

Baixo Médio Grande

Figura I.8 - Gravidade das fissuras longitudinais nas vias de rolamento (MTQ-AIMQ 2002).

Baixo: Este nível baixo é definido por fissuras simples e intermitentes com aberturas inferiores a 5 mm. Os bordos são geralmente limpos e bem definidos;

Nível médio: O nível médio caracteriza-se por fissuras simples ou múltiplas ao longo de uma fissura principal, estando estas últimas abertas de 5 a 20 mm. Os bordos estão por vezes desgastados e um

9

pouco deprimidos. Sem ser incómoda, a fenda é percetível para o utilizador;

Grandes fissuras: As grandes fissuras são fissuras simples ou múltiplas ao longo de uma fissura principal, que está aberta por mais de 20 mm. Os bordos estão muitas vezes erodidos e há afundamento ou congelamento na proximidade da fenda. As fissuras em azulejo também estão presentes.

1.3.2.2.2   Causas prováveis

Estes tipos de fissuras são frequentemente causados por :

Fadiga do pavimento (tráfego pesado) ;

Capacidade estrutural insuficiente da faixa de rodagem.

Má drenagem das camadas granulares do pavimento (por exemplo, durante o degelo).

Além disso, as variações de temperatura à superfície de um pavimento provocam fenómenos de tração e de contração que dão origem a fissuras. O calor, que amolece as camadas superficiais, acelera o envelhecimento dos produtos de hidrocarbonetos.

O ciclo calor-frio altera a estabilidade dos materiais, tornando as superfícies betuminosas frágeis e, por conseguinte, propensas a fissuras e esboroamento.

1.3.2.3 Fissuras longitudinais fora da via de rolamento

São definidos pela rutura da superfície relativamente paralela à direção da estrada, fora das marcas de rodas.

1.3.2.3.1   Dimensão e âmbito

Os três níveis de gravidade das fissuras longitudinais fora da via de rodagem são apresentados na figura I.9. A extensão é a percentagem do comprimento afetado em relação ao comprimento da secção do inquérito.

Faible   Moyen   Majeur

Baixo Médio Grande

Figura I.9 - *Gravidade das fissuras longitudinais fora das vias de rodagem (MTQ-AIMQ 2002).*

Fraco: É definido por fissuras simples e intermitentes com aberturas inferiores a 5 mm. Os bordos são geralmente limpos e bem definidos;

Médio: Este nível médio apresenta fissuras simples ou múltiplas ao longo de uma fissura principal, estando esta aberta de 5 a 20 mm. Os bordos estão por vezes erodidos e ligeiramente deprimidos;

Major: Fissuras simples ou múltiplas ao longo de uma fissura principal, estando esta última aberta mais de 20 mm. Os bordos estão muitas vezes erodidos e há afundamento ou congelamento na proximidade da fenda.

1.3.2.3.2   Causas prováveis

As fissuras longitudinais fora da via de rolamento são causadas pelos fenómenos indicados ao lado:

Junta de construção mal executada ao longo da via adjacente;

Segregação da mistura durante a colocação (por exemplo: centro do espalhador) ;

Envelhecimento do revestimento ;

Fadiga avançada da faixa de rodagem ou subdimensionamento de uma ou mais camadas;

Redução da capacidade de suporte do solo de apoio (má drenagem, defeitos de impermeabilização);

Mau funcionamento da estrutura (camadas destacadas);

Má qualidade de certos materiais.

1.3.2.4 Fissuras de gelo

Correspondem à rutura do revestimento, gerando uma fissura ativa sob o efeito do gelo, quer rectilínea

10

e localizada no centro da via ou da faixa de rodagem, quer de aspeto lezárdico sem localização precisa na faixa de rodagem.

1.3.2.4.1 Dimensão e âmbito

Os três níveis de gravidade das fissuras de gelo são apresentados na Figura I.10. A extensão é a percentagem do comprimento afetado em relação ao comprimento da secção do levantamento.

Faible   Moyen   Majeur

Baixo Médio Grande

Figura I.10 - Gravidade das fissuras de geada (MTQ-AIMQ 2002).

Baixo: Este nível reflecte fissuras simples e intermitentes com aberturas inferiores a 10 mm. Os bordos são geralmente limpos e bem definidos;

Média: Caracterizada por fissuras simples ou múltiplas ao longo de uma fissura principal, esta última com 10 a 25 mm de abertura. Os bordos estão por vezes erodidos e ligeiramente deprimidos. Sem ser incómoda, a fenda é percetível para o utilizador;

Major: Trata-se geralmente de fissuras simples ou de fissuras múltiplas ao longo de uma fissura principal, estando estas últimas abertas por mais de 25 mm. Os bordos estão muitas vezes erodidos e há afundamento ou congelamento na proximidade da fenda. O conforto de rolamento é reduzido pela deformação da superfície.

1.3.2.4.2 Causas prováveis

As fissuras de gelo são causadas pelos seguintes fenómenos:

Infra-estruturas de gelive e elevadores diferenciais;

Comportamento diferencial de congelação ;

Enchimento instável ;

Drenagem inadequada

1.3.2.5 Restauro de "fissuras em azulejos

As fissuras *"faienqage"* em azulejos são representadas pela rutura do revestimento em áreas mais ou menos extensas, formando um padrão de fissuração com pequenas malhas poligonais cujo tamanho médio é da ordem dos 300 mm ou menos.

1.3.2.5.1 Dimensão e âmbito

Os três níveis de gravidade das fissuras nos azulejos *"Faiengage"* são apresentados na Figura I.11. A extensão é definida pela percentagem da soma das superfícies das áreas danificadas em relação à superfície total da secção do levantamento.

Fraco: trata-se de uma malha de fendas simples com bordos limpos;

Meio : Malha composta por fendas simples com bordos ligeiramente deteriorados;

Major: Malha composta por fissuras simples com bordos deteriorados.

Faible   Moyen   Majeur

Baixo Médio Grande

11

Figura I.11 - Gravidade das fissuras no revestimento "Faiengage" (MTQ-AIMQ 2002).

1.3.2.5.2   Causas prováveis
As causas mais comuns de fissuras em azulejos são :
Fadiga (por exemplo, espessura insuficiente do revestimento) ;
Envelhecimento do pavimento (oxidação e fragilização do betume da mistura);
Capacidade de carga insuficiente.

1.3.2.6 Fissuras nos bordos
As fissuras de bordo correspondem a rupturas em linhas rectas ou arcos ao longo da berma ou do passeio, ou ao desprendimento do pavimento ao longo do passeio.

1.3.2.6.1   Dimensão e âmbito
Os três níveis de gravidade das fissuras de bordo são apresentados na Figura I.12. A extensão é a percentagem do comprimento total afetado pela degradação em relação ao comprimento total da secção do estudo.

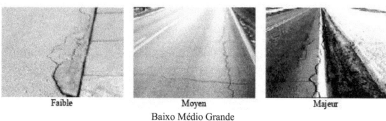

Faible   Moyen   Majeur
Baixo Médio Grande
Figura I.12 - Gravidade das fendas da linha de costa (MTQ-AIMQ 2002).

Fraco: É definido por fissuras simples e intermitentes com aberturas inferiores a 5 mm. Os bordos são geralmente limpos e bem definidos;
Meio: Fissuras simples ou múltiplas ao longo de uma fissura principal, estando estas últimas abertas de 5 a 20 mm. Os bordos estão por vezes erodidos e ligeiramente deprimidos;
Major: Fissuras simples ou múltiplas ao longo de uma fissura principal, estando esta última aberta mais de 20 mm. Os bordos estão muitas vezes erodidos e há afundamento ou congelamento na proximidade da fenda.

1.3.2.6.2   Causas prováveis
As fissuras nos bordos são devidas aos fenómenos apresentados ao lado:
Falta de apoio lateral (por exemplo, bermas estreitas e declives acentuados);
Descontinuidade na estrutura (por exemplo, alargamento) ;
Entrada lateral de água de escoamento na estrutura do pavimento (ambiente urbano); Drenagem do solo de suporte.

1.3.3   Família rasgada
A família das extensões diz respeito apenas aos danos que afectam a camada de desgaste em geral.

1.3.3.1 Desenrolo
A decapagem é a erosão e a perda de grandes agregados na superfície, produzindo uma deterioração progressiva do pavimento.

1.3.3.1.1   Dimensão e âmbito
Os três níveis de gravidade da decapagem são apresentados na figura I.13. A extensão é a percentagem da área afetada em relação à área da secção transversal do levantamento.

12

Faible   Moyen   Majeur
Baixo Médio Grande
Figura I.13 - Declive da sobrecarga (MTQ-AIMQ 2002).

Baixa: trata-se de uma perda pouco observável de massa ou de agregado grosso, principalmente nas marcas de rodas;

Média: Perda facilmente observável do selante, deixando os agregados grandes muito visíveis, ou perda de agregados grandes, deixando um padrão regular de pequenas cavidades em toda a superfície;

Grave: define-se por uma superfície completamente erodida e uma degradação acentuada das marcas de rodas (sulcos incipientes devido ao desgaste).

1.3.3.1.2   Causas prováveis

O stripping é causado pelos seguintes fenómenos: desgaste devido ao tráfego intenso, betume subdosado, utilização de agregados hidrófilos, compactação insuficiente, sobreaquecimento ou envelhecimento do asfalto (oxidação e fragilização), aumento das tensões nas zonas de curva e de travagem (ambiente urbano), aderência insuficiente entre ligante e agregado, colocação em condições meteorológicas adversas e estagnação de água no pavimento.

1.3.3.2   Pelade

Trata-se do arrancamento da camada de desgaste em remendos.

1.3.3.2.1   Dimensão e âmbito

A Figura I.14 mostra os três níveis de gravidade da *"rotura de laje"*. A extensão é a percentagem da superfície afetada em relação à área da secção transversal do levantamento.

BaixoMédioGrande
Figura I.14 - Gravite de rotura peládica (MTQ-AIMQ 2002).

Baixa: Peladeiros com uma superfície de extração inferior a 0,5 metros quadrados;
Média: Erupção peládica com uma superfície lacrimal de 0,5 a 1 metro quadrado; **Major**: Erupção peládica com uma superfície lacrimal superior a 1 metro quadrado.

1.3.3.2.2   Causas prováveis

A queda de cabelo é causada pelos seguintes fenómenos:
Má aderência da camada superficial devido à falta de aglutinante, incompatibilidade química e/ou sujidade entre camadas;
Espessura insuficiente da camada superficial ;
Pavimento sujeito a tráfego intenso.

1.3.3.3   Buraco

Os buracos são a manifestação final de uma combinação de diferentes problemas. Caracterizam-se pela desagregação localizada do pavimento em toda a sua espessura, formando buracos de dimensão e profundidade variáveis, geralmente de forma arredondada e contornos bem definidos.

1.3.3.3.1 Dimensão e âmbito

Os três níveis de buracos são apresentados na Figura I.15. A extensão é medida pelo número de buracos por secção do levantamento.

Faible	Moyen	Majeur

BaixoMédioGrande

Figura I.15 - Declive dos charcos (MTQ-AIMQ 2002).

Baixa: é descrita por um buraco com um diâmetro inferior a 200 mm;

Médio: neste caso, o buraco tem um diâmetro de 200 a 300 mm;

Grande: a este nível, o buraco tem mais de 300 mm de diâmetro.

1.3.3.3.2 Causas prováveis

Os buracos são causados por fraquezas locais da sub-base, por uma espessura insuficiente do pavimento ou por uma fraca capacidade de suporte (drenagem, bolsas de argila, etc.). Podem também ocorrer quando a faixa de rodagem é muito carregada pelo tráfego pesado, no caso de um defeito local da camada de desgaste ou de base, que se deve frequentemente à má qualidade do fabrico ou da colocação dos materiais.

1.3.4 Movimentação de materiais

1.3.4.1 Ensaios de penetração

O sangramento, por definição, é a subida do betume na superfície do pavimento, acentuada nas marcas de roda.

1.3.4.1.1 Dimensão e âmbito

Os três níveis de gravidade da penetrância são apresentados na Figura I.16. A extensão é a % cumulativa do comprimento das áreas afectadas pela anomalia em relação ao comprimento total da secção do levantamento.

Baixa: neste caso, a hemorragia é sobretudo detetável nas marcas de rodas pelo aparecimento de uma risca de revestimento mais escura;

Média: aqui as marcas das rodas são claramente delineadas pelo alcatrão preto;

Grande: corresponde a um aspeto húmido e brilhante na maior parte da superfície. A textura do asfalto é impossível de distinguir. O ruído dos pneus é semelhante ao produzido em pavimento molhado. A maior parte da superfície está afetada.

Faible	Moyen	Majeur

BaixoMédioGrande

Figura I.16 - Cascalho penetrante (MTQ-AIMQ 2002).

1.3.4.1.2 Causas prováveis

A hemorragia é causada pela sobredosagem de betume, pelo efeito combinado da temperatura elevada do pavimento e das tensões do tráfego, pelo excesso de ligante de aderência, pela conceção da mistura inadequada às tensões.

14

1.3.4.2 Envidraçamento ou "indentação

Por definição, o envidraçamento é o desgaste ou afundamento das aparas no asfalto em tempo quente sob a ação do tráfego, dando à superfície da estrada um aspeto liso e brilhante.

1.3.4.2.1   Dimensão e âmbito

Os três níveis de gravidade do gelo ou *"Indentação"* são apresentados na Figura I.17. A extensão é a % cumulativa do comprimento das áreas afectadas pela perturbação em relação ao comprimento total da secção de estudo.

Faible   Moyen   Majeur
BaixoMédioGrande
Figura I.17 - Cascalho de vidro ou "indentação" (LCPC, IFSTTAR 1998).

Baixo: percetível, claro mas isolado (da ordem de um metro);

Média: significativa e afecta os pisos em zonas de cerca de 10 m;

Major: fenómeno generalizado em toda a secção transversal ou em ambas as bandas de rodagem em áreas superiores a 10m.

1.3.4.2.2   Causas prováveis

As causas da formação de gelo são :

Dureza insuficiente dos agregados de pavimentação;

Sobredosagem de ligante na mistura ;

A qualidade do ligante não é adequada ao tráfego ou ao clima;

Reparações locais;

Incidentes no local;

Fugas de óleo das máquinas do estaleiro.

1.3.4.3 Aumento das coimas

Aparecimento de elementos finos na superfície do pavimento, provenientes da sub-base, que se localizam geralmente em linha com os defeitos da camada de desgaste (fissuras, buracos, fendas, etc.).

I.3.4.3.1 Gravidade e extensão

Os três níveis de gravidade da afluência de finos são apresentados na figura I.18. A extensão é a percentagem acumulada da superfície das zonas afectadas pela perturbação em relação à superfície total da secção estudada.

Faible   Moyen   Majeur

BaixoMédioGrande
Figura I.18 - Gravidade de afloramento de finos (LCPC, IFSTTAR 1998).

Baixo: degradação percetível e local;

Média: degradação clara, significativa e generalizada e mais grave (menos coimas);

Grave: degradação franca, significativa, extensa e mais grave (demasiadas coimas).

I.3.4.3.2 Causas prováveis

A subida de finos à superfície é geralmente causada pela circulação de água na sub-base sob o efeito

15

do bombeamento gerado pelo tráfego. Estas partículas provêm do solo de sub-base (no caso de solos finos sensíveis à água). Este fenómeno pode ocorrer em fissuras que se agitam ou em zonas onde a base apresenta um laminado, uma decoesão superficial ou uma decoesão na massa.

I.3.5 Danos em zonas urbanas

1.3.5.1 Fissuras à volta das caixas de visita e dos poços de drenagem
É descrita pela quebra do revestimento num padrão circular e/ou radial.

1.3.5.1.1 Dimensão e âmbito
Os três níveis de gravidade das fissuras em torno das câmaras de visita e dos poços de drenagem são apresentados na Figura I.19. A extensão é o número total de câmaras de visita por secção do estudo e por nível de gravidade.

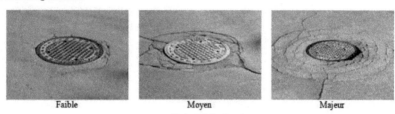

| Faible | Moyen | Majeur |

BaixoMédioGrande

Figura I.19 - Fissuração da gravilha em redor de caixas de visita e bacias de retenção (MTQ-AIMQ 2002).

Baixa: Fissuras simples e intermitentes com aberturas inferiores a 5 mm. Os bordos são geralmente limpos e bem definidos;
Meio: Fissuras simples ou múltiplas ao longo de uma fissura principal, estando esta aberta de 5 a 20 mm. Os bordos estão por vezes corroídos e ligeiramente deprimidos. Sem ser incómoda, a fenda é percetível para o utilizador;
Major: Fissuras simples ou múltiplas ao longo de uma fissura principal, estando esta última aberta mais de 20 mm. Os bordos estão muitas vezes erodidos e há afundamento ou congelamento na proximidade da fenda. O conforto de rolamento é reduzido pela deformação da superfície.

1.3.5.1.2 Causas prováveis
Estas fissuras são produzidas por consolidação ou assentamento do pavimento, ciclos de gelo-degelo, desagregação da chaminé pela salmoura, impactos dinâmicos e perda de material em torno da estrutura.

1.3.5.2 Desobstrução de câmaras de visita e poços de drenagem
Trata-se de um desnível entre a superfície do revestimento e o topo de uma fossa ou de um poço de visita.

1.3.5.2.1 Dimensão e âmbito
Os três níveis de gravidade da limpeza das câmaras de visita e das fossas são apresentados na Figura I.20. A extensão é o número total de câmaras de visita por secção de estudo e nível de gravidade.

Baixa: definida como uma clivagem inferior a 20 mm;
Média: neste caso, a clivagem é de 20 a 40 mm;
Major: aqui a desnivelação é superior a 40 mm.

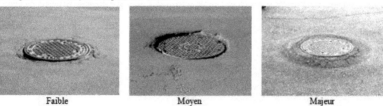

| Faible | Moyen | Majeur |

16

BaixoMédioGrande

Figura I.20 - *Gradiente de nivelamento para câmaras de visita e bacias de retenção (MTQ-AIMQ 2002).*

1.3.5.2.2 Causas prováveis
As causas mais prováveis são as seguintes:
Consolidação ou assentamento da faixa de rodagem ;
Ciclos de congelação e descongelação que provocam deformações permanentes;
Desagregação da chaminé na presença de salmoura;
Impactos dinâmicos que acumulam deformações permanentes;
Perda de material à volta da estrutura.

1.3.5.3 Cortar e fatiar
Trata-se de uma fissura ou afundamento na vala ou na sua proximidade.

1.3.5.3.1 Dimensão e âmbito
Os três níveis de gravidade da desobstrução de câmaras de visita e de poços são apresentados na
Figura I.21. A extensão é a área afetada na secção do estudo.

Faible   Moyen   Majeur

BaixoMédioGrande

Figura I.21 *Corte e fatiamento de cascalho (MTQ-AIMQ 2002).*

Baixa: corresponde a uma desnivelaç°o inferior a 20 mm e/ou a uma fenda simples com uma abertura
inferior a 5 mm, cujos bordos s°o geralmente limpos e bem definidos;
Meio: trata-se de uma desnivelaç°o de 20 a 40 mm e/ou de uma fenda ½nica ou de vÆrias fendas ao
longo de uma fenda principal, estando esta ½ltima aberta de 5 a 20 mm. Os bordos são por vezes
rugosos e um pouco deprimidos;
Major: neste nível, a clivagem é superior a 40 mm e/ou fissuras simples ou múltiplas ao longo de uma
fissura principal, estando esta última aberta por mais de 20 mm. Os bordos estão frequentemente
erodidos.

1.3.5.3.2 Causas prováveis
As causas mais prováveis são as seguintes:
Compactação insuficiente dos materiais de enchimento da vala;
A heterogeneidade dos materiais das valas e das faixas de rodagem existentes;
A libertação de tensões produzidas por uma perda de apoio lateral na fatia;
Enchimento incompleto sob os bordos do pavimento ;
Falta de estanquidade na junta de corte.

I.4 Degradação dos pavimentos rígidos
Os pavimentos de lajes de betão, quando bem concebidos e colocados, sofrem pouca deterioração em
relação aos pavimentos betuminosos. A natureza desta deterioração pode assumir diversas formas, o
que impossibilita a sua classificação em famílias. Por isso, tratá-las-emos individualmente, seguindo o
esquema anteriormente estabelecido. Assim, as degradações mais frequentemente encontradas nos
pavimentos rígidos são: fissuras, spalling, deslocamentos de juntas e descargas de bombagem ou
fenómenos de bombagem.

I.4.1 Fracturação
I.4.1.1 Descrição e desenvolvimento
Existem dois grupos de fissuras: as *"fissuras longitudinais, transversais e oblíquas"* e as *"fissuras de*

17

canto de laje". Todas estas são fracturas da laje em duas partes, mas as fissuras de canto correspondem a uma intersecção da fissura com os bordos da laje, formando assim um triângulo cujos dois ângulos rectos são os bordos da laje (Figura I.22).

As fissuras estão a abrir-se e as alavancas estão a esboroar-se, permitindo a fuga de material e a infiltração de água na faixa de rodagem. Por conseguinte, as pancadas das lajes provocadas pelo tráfego pesado conduzem igualmente a descargas por bombagem. Esta abertura é limitada para o betão armado contínuo até à rutura da armadura. A fissura pode também ramificar-se e os cantos das lajes adjacentes à fissura podem partir.

Fissuras de várias formas   Fissuras nos cantos das lajes
Figura I.22 - *Rede de fissuras.*

I.4.1.2 Causas prováveis

As causas prováveis destas fissuras são :

Capacidade de carga insuficiente (laje demasiado fina, resistência à tração insuficiente do betão, etc.) ;

Degradação das condições de suporte da laje (assentamento ou erosão do solo de fundação) ;

Retração térmica do betão quando serrado tardiamente;

· Retração da água ;

Falha por fadiga do pavimento devido à acumulação de tensões excessivas de tração e de flexão;

Espaçamento entre juntas demasiado longo ;

Inchaço ou retração do subsolo.

1.4.2   Fragmentação

1.4.2.1   Descrição e desenvolvimento

Trata-se de fragmentos que se desprenderam da massa de betão em torno de juntas ou de fissuras. Em geral, esta degradação afecta apenas uma parte da espessura da laje (Figura I.23). Os salpicos tornam-se cada vez mais numerosos e mais largos e evoluem para a fragmentação em lajes cada vez mais pequenas. São também acompanhados de colapso da laje e de perda de material. Por último, o fenómeno da penetração da água na faixa de rodagem é cada vez mais acentuado.

Figura I.23 - *Um esboroamento num pavimento rígido.*

1.4.2.2   Causas prováveis

As causas prováveis deste tipo de degradação são :

Juntas bloqueadas (presença de materiais incompressíveis) que impedem a dilatação térmica e criam compressão nos bordos, provocando o seu desmoronamento;

Existência de zonas de fraqueza nas articulações;

Resistência insuficiente do betão à compressão ;

Deterioração local do betão devido a serragem prematura;
Fricção dos lábios das articulações causada pelo batimento da laje.

1.4.3 Compensações conjuntas

1.4.3.1 Descrição e desenvolvimento

Trata-se de uma diferença de nível vertical entre os dois bordos de uma junta de laje ou o bordo de uma fenda (Figura I.24). Os desalinhamentos das juntas conduzem a uma alteração das condições de funcionamento da laje (transferência de cargas) e a uma alteração da ligação. Evoluem para o esboroamento dos bordos das juntas ou dos bordos das fendas, para a descarga de finos na sequência de infiltrações de água no corpo do pavimento, bem como para a fendilhação transversal ou oblíqua.

Figura I.24 - Deslocamento da laje de um pavimento rígido.

1.4.3.2 Causas prováveis

As causas prováveis deste tipo de degradação são :
Fundação em erosão ;
Transferência de carga deficiente nas juntas transversais ;
Insuficiente capacidade de suporte e/ou coesão do solo de apoio, conduzindo a um assentamento diferencial; Movimento dos materiais sob ambos os bordos da junta devido a bombagem, retração da água ou má drenagem.

1.4.4 Bombagem

1.4.4.1 Descrição e desenvolvimento

Trata-se da projeção de materiais (água, lama, etc.) para a superfície do pavimento aquando da passagem de veículos pesados, em fendas ou juntas devido à existência de cavidades sob as lajes (Figura I.25).
Evolui para a formação de cavidades nas extremidades das lajes. Estas cavidades significam que o tráfego pesado faz vibrar as lajes, acentuando as descargas de bombagem. Eventualmente, isto pode levar à formação de degraus e à fissuração das lajes.

1.4.4.2 Causas prováveis

As causas prováveis deste tipo de degradação são :
Má drenagem da faixa de rodagem;
Falta de coesão e sensibilidade à água do substrato;

Figura I.25 - Ejeção de material (bombagem) numa faixa de rodagem rígida.

19

Degradação das condições de suporte da laje na presença de água devido a tensões dinâmicas (o movimento da laje sob carga gera movimentos de água sob pressão nas interfaces laje-fundação, provocando a subida de água e de finos através de juntas ou fissuras).

I.5 Métodos de avaliação do comportamento dos pavimentos degradados

No entanto, no caso das faixas de rodagem deterioradas (após a entrada em serviço), é necessário efetuar um estudo para avaliar o estado de deterioração e a capacidade de carga das faixas de rodagem, fazer o levantamento da geometria da rede rodoviária e assegurar um melhor conhecimento da procura de transporte, da sua distribuição e composição no conjunto da rede rodoviária classificada. Para tal, devem ser efectuadas regularmente inspecções sumárias, a fim de recolher todas as informações necessárias para alimentar a base de dados. São registados o ambiente natural e económico da estrada, bem como os dados técnicos sobre o seu estado de degradação, incluindo os trabalhos de manutenção anteriores (reforço ou manutenção periódica, nomeadamente alargamento), a precipitação média mensal observada nos últimos cinquenta anos e a divisão em zonas climáticas.

De acordo com a literatura, existem vários métodos que podem ser utilizados para caraterizar o estado dos danos nas estradas. Nesta secção, apresentamos três dos métodos mais utilizados:

O método *"VIZIR"* para estradas pavimentadas;

O método *"VIZIRET"* para as estradas cobertas;

O método *CEBTP-LCPC*.

1.5.1 O método "VIZIR

1.5.1.1 Princípio do método "VIZIR

Desde o início, o método *"VIZIR"* foi uma forma de inventariar os danos em função da sua extensão e do seu grau de gravidade. O registo da deterioração do pavimento, que era manual até 1988, é agora assistido por computador graças ao equipamento *"DESY"* do LCPC. É completado, no DESY, por um software de cálculo do índice de superfície *"Is"*, que varia entre *"1"* para os melhores pavimentos e *"7"* para os piores.

O método VIZIR vai muito mais longe do que uma simples lista de deteriorações, tanto mais que o seu objetivo final é avaliar a qualidade das redes rodoviárias. O método de avaliação baseia-se nos seguintes parâmetros clássicos do controlo rodoviário: estrutura, manutenção, capacidade de carga, regularidade da faixa de rodagem e condições locais. No final da cadeia, o método VIZIR é um método científico para determinar as necessidades de manutenção e de reabilitação dos pavimentos.

1.5.1.2 Classificação e quantificação dos danos

Através da sua classificação e quantificação da deterioração, o método VIZIR foi concebido para fornecer uma imagem do estado do pavimento de uma estrada num dado momento e identificar zonas de igual qualidade classificadas em três níveis de deterioração. Estas zonas de igual qualidade e estes três níveis de deterioração são utilizados para determinar a natureza e o tipo de trabalhos necessários. Os tipos de deterioração enumerados no método VIZIR dizem respeito principalmente aos pavimentos betuminosos flexíveis; são classificados em duas categorias: deterioração *"Tipo A"* e *"Tipo B"*.

I.5.1.2.1 Degradação estrutural de "tipo A

Surgem na estrutura do pavimento ou no seu suporte e afectam o bem. São degradações resultantes da insuficiente capacidade estrutural do pavimento (Quadro I.1). Incluem principalmente: (1) deformação e (2) fendilhação por fadiga.

Quadro I.1 - Nível de gravidade da deterioração de tipo A (LCPC-VIZIR 1991).

Tipos de danos	Níveis de gravidade		
	(1): Bom estado	(2): Estado médio	(3): Mau estado
Deformação e sulcos	Sensível para o utilizador mas não muito importante f < 2 cm	Deformação grave, afundamento localizado ou sulcos 2 < f < 4 cm	Deformação que afecta gravemente a segurança ou o tempo de viagem f > 4 cm
Rachaduras	Fissuras finas nas lagartas das	Fissuras claramente abertas	Fendas muito ramificadas

20

	rodas ou no eixo	e/ou frequentemente ramificadas	e/ou muito abertas; lábios por vezes degradados
Faienfage	Espalhamento fino sem material que deixe uma malha larga (>50 cm)	Solo mais apertado (<50 cm) com perda ocasional de material, desenraizamento e formação de buracos	Vala muito aberta, cortada em placas (<20 cm) com perda ocasional de material
Reparação	Reparação da totalidade ou de parte da faixa de rodagem ou trabalhos de superfície relacionados com os defeitos de tipo B	Trabalhos de superfície relacionados com defeitos de tipo A, desempenho satisfatório da reparação	Trabalhos de superfície relacionados com os defeitos de tipo A. Danos na própria reparação

I.5.1.2.2 Danos de superfície de "tipo B

Também conhecida como deterioração não estrutural, tem origem na camada superficial do pavimento e afecta inicialmente as suas qualidades superficiais. Dão origem a reparações que geralmente não estão relacionadas com a capacidade estrutural do pavimento. A sua origem é ou uma falha na colocação, ou uma falha na qualidade de um produto, ou uma condição local particular que o tráfego pode obviamente acentuar (Quadro I.2).

As degradações de tipo B incluem :

Fissuração, com exceção das fissuras de fadiga, ou seja, fissuras longitudinais nas juntas;

Fissuras transversais de retração térmica, fissuras longitudinais ou transversais de retração da argila (dessecação);

Extensões ;

Movimentação de materiais.

Quadro I.2 - Nível de gravidade da deterioração de tipo B (LCPC-VIZIR 1991).

Tipos de danos	Níveis de gravidade		
	(1): Bom estado	(2): Estado médio	(3): Mau estado
Fissuras longitudinais nas juntas	Fino e único	Largo (1 cm no máximo), sem desenraizamento, finamente ramificado	Largo com esporões labiais ou largo com ramos
Buracos por 100 m de faixa de rodagem	Quantidade : < 5 Tamanho máximo: Φ30	Quantidade: 5 a 10 Tamanho: Φ30 cm Ou Quantidade : < 5 Tamanho: Φ100 cm	Quantidade : > 10 Tamanho: Φ30 cm Ou Quantidade : 5 a 10 Tamanho: Φ100 cm
Tipos de danos	(1): Bom estado	(2): Estado médio	(3): Mau estado
Remoção (decapagem, depenagem e descamação), deslocação de materiais	Pontual sem o aparecimento da camada de base	Contínuo ou pontual com o aparecimento da camada de base	Continuação do aspeto da camada de base
	Pontual	Contínuo num só piso	Contínuo num só piso e muito marcado

1.5.1.3 Levantamento e avaliação dos danos

Os danos são registados por um operador que percorre o itinerário e toma notas:

Tipo de degradação ;

A gravidade desta deterioração;

A extensão, ou seja, o comprimento da estrada afetada ou a superfície, se for caso disso.

21

O método VIZIR fornece uma tipologia dos danos e três níveis de gravidade para cada um deles. No entanto, o levantamento pode ser efectuado *"manualmente"*, a pé ao longo da estrada ou de automóvel. O operador regista então as suas observações (identificação dos danos e estimativa da sua gravidade) numa carta de percurso, ou seja, num documento que representa o traçado da estrada, cuja escala e, portanto, precisão, é adequada ao tipo de estudo. Os valores de gravidade são valores médios adequados a muitas redes rodoviárias, mas podem ser modificados em função dos objectivos de manutenção fixados e do nível de serviço esperado. O método VIZIR consiste, portanto, em considerar vários tipos de deterioração e de reparação, atribuindo-lhes uma *"pontuação"* em função do nível de serviço encontrado. O índice de deterioração é calculado principalmente numa extensão de estrada a partir de três grupos de deteriorações, nomeadamente :

Grupo 1: fendas e faienfage ;

Grupo 2: Deformações e sulcos ;

Grupo 3: reparações.

Em primeiro lugar, calculamos um *"índice de fendilhação: Se"*, que depende da gravidade e da extensão da fendilhação ou do esfarelamento ao longo da extensão da estrada em causa. Se houver fissuração e enfraquecimento, é adotado o maior dos dois valores.

Em seguida, é calculado um *"índice de deformação: Id"*, que depende igualmente da gravidade e da extensão da deformação ou dos sulcos. A combinação dos dois índices *"If"* e *"Id"* dá um índice inicial que qualifica o pavimento; se necessário, este pode ser corrigido de acordo com a gravidade e extensão de certas reparações. De facto, algumas reparações mascaram uma deficiência do pavimento e são, por isso, consideradas como um fator agravante na estimativa da qualidade do pavimento.

Após esta correção, obtém-se um *"índice de superfície: Is"* que qualifica o pavimento na extensão escolhida para o cálculo. A classificação global do índice de superfície *"Is"* varia de *"1 a 7"*:

Os graus *"1"* e *"2"* correspondem a boas condições de superfície que requerem pouco ou nenhum trabalho, com poucas ou nenhumas fissuras ou deformações;

Os graus *"3"* e *"4"* correspondem a condições de superfície bastante médias, suficientemente más para desencadear operações de manutenção independentemente de qualquer outra consideração; fissuras com pouca ou nenhuma deformação ou deformação não acompanhada de fissuras;

Os graus *"5"*, *"6"* e *"7"* correspondem a um estado de superfície muito mau, que exige trabalhos de manutenção ou de reforço importantes; grandes quantidades de fissuras e deformações.

O método de determinação do índice de área de superfície *"Is"* está resumido no diagrama seguinte (Figura I.26). O comprimento de base sobre o qual é calculado o índice de superfície *"Is"* pode depender do tipo de estudo, da base de dados ou de outros parâmetros utilizados no diagnóstico e do operador.

No caso dos estudos de sistemas de apoio à gestão da manutenção rodoviária, que são estudos globais, o mapa de estradas é desenhado a uma escala de aproximadamente 2 cm por km; a própria base de dados é construída com um espaçamento de grelha de cerca de 500 m. O *"Is"* pode, portanto, ser calculado com uma grelha de 500 m.

No caso de um projeto de manutenção de itinerário, o levantamento é efectuado a uma escala de aproximadamente 5 cm gráficos por km, pelo que o *"Is"* pode ser calculado com um passo de 200 m.

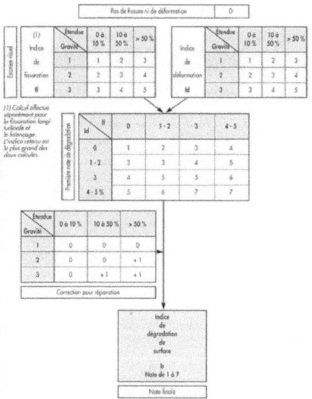

Figura I.26 - *Método VIZIR para avaliação do estado dos pavimentos rodoviários.*

1.5.1.4 À procura de soluções

No que respeita à procura de soluções, a metodologia dos estudos efectuados pelo LCPC pode ser resumida da seguinte forma:

Construção de uma base de dados, recolha de dados no terreno, determinação da qualidade da rede no momento t0;

Análise dos dados, determinação da "solução técnica", ou seja, o que é necessário fazer na rede rodoviária em termos de imagem de qualidade ao longo do tempo para a repor num determinado nível de serviço, sem restrições orçamentais;

Procura de uma "solução optimizada" que tenha em conta os imperativos técnicos e as restrições orçamentais, incluindo a repartição dos trabalhos por vários anos e a projeção da imagem da rede no momento t0 e da solução técnica ao longo do tempo.

A solução técnica é determinada em duas fases:

Em primeiro lugar, associamos o *"estado visual"* e a *"capacidade de suporte"*; a capacidade de suporte é dada pelo valor da *"deflexão: d"* e o estado visual é representado pelo índice de degradação da superfície *"Is"* determinado anteriormente. Desta combinação, obtemos uma *"pontuação de qualidade: Qi"* para o pavimento de *"1 a 9"* e uma conclusão sobre o que é necessário fazer: ou não é necessário fazer nada, ou é necessário efetuar uma manutenção ou um reforço;

Em seguida, numa segunda etapa, associa-se o *"índice de qualidade"* da faixa de rodagem ao *"nível de tráfego"* e determina-se a solução das obras para cada par de valores.

23

1.5.1.4.1 Determinação da classificação "Qi" da qualidade do pavimento

A classificação da qualidade do pavimento é derivada da combinação do valor do índice "*Is*", que descreve a superfície do pavimento, e do valor do índice "*deflexão*", que descreve a capacidade de suporte global do pavimento. De facto, o índice de degradação "*Is*" é classificado em três categorias, como descrito acima. No entanto, a deflexão é classificada em três categorias determinadas por dois limiares "*d1*" e "*d2*", nomeadamente :

A deformação "*d1*" é o valor abaixo do qual se considera que a estrutura se comporta de forma satisfatória;

A deflexão "*d2*" é o valor acima do qual se considera que a estrutura tem defeitos graves de suporte de carga;

Entre "*d1*" e "*d2*" encontra-se a zona de indeterminação.

A escolha dos valores "*d1*" e "*d2*" depende de muitos factores, como o clima, o tipo e a espessura das superfícies das estradas, os solos e as cargas por eixo. Estes valores são geralmente baseados na experiência de um determinado país. A grelha de pontuações de qualidade do pavimento de acordo com a deflexão e o índice "Is" é apresentada no Quadro I.3. As pontuações de qualidade significam o seguinte:

* ₁, **Q2** e **Q3**: estas classificações significam que não há nada a fazer, ou apenas trabalhos de manutenção, cuja solução será dada mais tarde em função do tráfego. Quando se trata apenas de trabalhos de selagem, o índice de fissuração é utilizado para determinar a data e a natureza dos trabalhos;
* ₇, **Q8** e **Q9**: estas notas significam que a faixa de rodagem necessita de obras de reforço, cuja espessura depende do tráfego. A solução é dada mais adiante;
* ₄, **Q5** e **Q6**: trata-se de uma área de indeterminação que deve ser resolvida procurando a causa da discrepância entre o elevador e o exame visual. Esquematicamente, isto pode ser resumido da seguinte forma:
* **Q4**: pavimento que apresenta um estado de deterioração acentuado apesar de uma boa capacidade de suporte. A validade da deformação deve ser verificada (em particular o período de medição), bem como a natureza da deterioração (em particular o afundamento das camadas de asfalto que não está relacionado com a deformação). Em função da resposta, a Q4 será reclassificada como Q2 (prioridade à deformação) ou Q7 (prioridade ao estado de deterioração);
* **Q5**: a mesma análise que a anterior; teremos em conta a posição do desvio em relação aos limites, bem como o tráfego; em função da resposta, reclassificaremos como Q3, Q7 ou Q8;
* **Q6**: pavimento que apresenta uma forte deformação sem deterioração aparente; para validar ou invalidar o estado do pavimento, verificaremos a idade do pavimento ou a data das últimas obras, bem como o nível de tráfego. Consoante a resposta, a estrada será revalorizada para Q3 ou Q8.

Quadro I.3 - Classificação da qualidade "Qi" (LCPC-VIZIR 1991).

Déflexion \ Indice de dégradation Is	d1	d2	
	Classe 1	Classe 2	Classe 3
1 – 2 Peu ou pas de fissures ou pas de déformations	Q_1	Q_3	Q_6
3 – 4 Fissuré sans ou avec peu de déformation et déformations sans fissures	Q_2	Q_4	Q_8
5 – 6 – 7 Fissures et déformations	Q_6	Q_7	Q_9

1.5.1.4.2 Determinação da solução

A determinação da solução ultrapassa o âmbito estrito do método VIZIR, que é um método de determinação da qualidade de uma rede rodoviária e dos trabalhos necessários para a sua recuperação, e não um método de cálculo do reforço do pavimento. O método VIZIR tem apenas o objetivo de situar o lugar do índice de deterioração *"Is"* e do índice de qualidade *"Qi"* do pavimento no processo de escolha de uma solução.

No entanto, a solução é determinada pelo cruzamento da classe de tráfego e da classificação da qualidade do pavimento. A título indicativo, damos o exemplo de uma solução que foi estabelecida para o estudo da implementação de um sistema de apoio à gestão da manutenção rodoviária na Coreia (Tabela I.4).

Tabela I.4 *- Exemplo da tabela de soluções em função do tráfego (LCPC-VIZIR 1991).*

Trânsito Classificação da qualidade		0 a 500 T4	500 a 1000 T3	1000 a 2000 T2	>2000 T1
Manutenção	Qi	TS	TS	4BB	5BB
	Q2	TS	TS ou 4BB	4BB	5BB
	Q3	TS ou 4BB	4BB	7BB	7BB
Renforceinent	Q6	7BB	7BB	10BB	7ED-5BB
	Q7	7BB	10BB	7ED+5BB	-
	Q8	10BB	7ED+5BB	10ED-5BB	15ED+5BB

1.5.2 O método "VIZIRET

O método "VIZIRET" baseia-se num processo totalmente idêntico ao do VIZIR, com a diferença de que tem em conta outros tipos de degradação, nomeadamente :

Chapa ondulada ;

Deformações ;

Ravina ;

Buracos

Com base *nos* índices das várias degradações, atribuímos à estrada o índice de viabilidade SQI (Structural Quality Index), que é igual ao índice de degradação máximo das quatro famílias acima referidas.

1.5.3 O método *CEBTP-LCPC*

O outro método francês de controlo das faixas de rodagem é o método *CEBTP-LCPC*, que se aplica tanto aos estudos de rede como aos estudos de estrada. Os estudos de rede consistem numa avaliação estatística da qualidade das estruturas e na determinação dos trabalhos de manutenção e reparação necessários. Ao avaliar a qualidade das faixas de rodagem, permitem definir uma estratégia de manutenção, de reparação e de melhoria do traçado, em função das condições de tráfego. Os estudos de traçado avaliam as características das estruturas e as soluções aplicáveis aos troncos homogéneos. As soluções de reabilitação vão desde as reparações pontuais até ao reforço contínuo de grandes extensões de faixa de rodagem, passando pela melhoria da geometria e do conforto.

I.5.3.1 Metodologia

As investigações em ambos os casos (estudos de rede e de itinerários) são semelhantes e baseiam-se nos pontos seguintes:

A história do chaussee ;

Levantamento de danos;

Medições de deflexão.

Estes três pontos são tratados nas mesmas condições que o método VIZIR. Com base nos estudos de deterioração, são identificadas três categorias de secções de faixa de rodagem:

Secções em aparente bom estado;

Secções com fendas ou malhas ;

Secções mais ou menos deformadas.

Para quantificar a qualidade aparente dos pavimentos, é adoptada uma notação que compara a percentagem da linha de percurso afetada pela deterioração com o comprimento da secção unitária considerada (por exemplo, 500m ou 1000m). Esta notação é a seguinte (Quadro I. 5):

A marca "1" corresponde a menos de 10% de degradação;

A classificação de "2" corresponde a uma degradação de 10% a 50%;
Uma pontuação de "3" representa mais de 50% de degradação.

Quadro I.5 - Classificação em função do grau de deterioração do pavimento (*CEBTP-LCPC 1985*).

Fissures Déform.	1	2	3
1	1	2	3
2	3*	4	5
3	5*	6	7

casos mais raros 40

Combinando os dois tipos de deterioração (fissuras e deformações), obtém-se a grelha abaixo, que dá um valor para a qualidade aparente de uma secção de pavimento (Figura I.27).

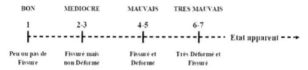

Figura I.27 - Qualidade aparente de um troço de pavimento (*CEBTP-LCPC 1985*).

Este método não tem em conta os defeitos específicos da camada de desgaste, tais como a chanfradura, a penteação, a sangria, a fluência, etc., que são analisados separadamente e objeto de soluções de correção adequadas.

I.5.3.2 Cálculo dos resultados

A calibração dos resultados é um processo que visa, com base nos limiares de deflexão característicos específicos da via ou rede, comparar os parâmetros de estado aparente e de deflexão com vista à elaboração de uma grelha de decisão e seleção de soluções, como se mostra a seguir (Quadro I. 6):

Quadro I.6 - *Classificação da qualidade "Qi"* (*CEBTP-LCPC 1985*).

Etat apparent	Déflexion	Faible d₁		d₂ Eleve
Bon	1	Q_1	Q_2	Q_3
Fissuré non déformé sans	2-3	Q_2	Q_3	Q_4
Déformé et fissuré	4-7	Q_3	Q_4	Q_5

I.6 Conclusão

Este capítulo permitiu apresentar a grande maioria das degradações dos pavimentos revestidos. Assim, para os revestimentos betuminosos, foi possível estudar todos os tipos de deterioração sob a forma de famílias. Para além disso, discutimos os principais métodos de avaliação da deterioração dos próprios pavimentos. No próximo capítulo, apresentaremos os diferentes ensaios rodoviários efectuados sobre os solos (materiais de construção das diferentes camadas de pavimentos rodoviários).

CAPÍTULO II

TESTES DE IDENTIFICAÇÃO RODOVIÁRIA

11.1 Introdução

Depois de apresentarmos, no Capítulo I, os principais tipos de deterioração observados nos revestimentos betuminosos e as suas causas prováveis, passamos a apresentar brevemente, neste capítulo, os principais ensaios de identificação dos materiais utilizados nas estruturas dos pavimentos rodoviários.

11.2 Ensaios de identificação dos materiais utilizados nos pavimentos rodoviários

Por um lado, o comportamento mecânico de um pavimento (antes da sua colocação em serviço) pode ser avaliado e verificado para garantir o seu desempenho, segurança e durabilidade ao longo da sua vida útil. Por outro lado, a qualidade dos materiais que constituem a estrutura do pavimento rodoviário é também um parâmetro fundamental que requer um estudo prévio antes da sua utilização.

De facto, os ensaios que se prendem com a correcta escolha dos materiais adequados às regras de construção dos aterros (classificação dos materiais) e, consequentemente, com o correto comportamento mecânico da estrutura do pavimento rodoviário, podem ser classificados em três grupos que a seguir se apresentam. Note-se que para cada um destes ensaios apenas se apresentará o objetivo do ensaio, o princípio, o material utilizado, os parâmetros estimados e/ou calculados e a expressão e interpretação dos resultados.

a) Testes de identificação

Teste de coloração ou "azul de metileno";

Análise granulométrica ;

Os limites de Atterberg ;

Ensaio de limpeza ou "equivalente em areia" ;

Ensaio de compactação ou "Proctor normal ou modificado".

b) Ensaios de dureza

Teste de condução em Los Angeles ;

Teste Micro-Deval ;

c) Ensaios de capacidade de carga

Ensaio de placa;

Ensaio C.B.R. (California Bearing Ratio).

II.2.1 Ensaios de identificação

II.2.1.1 Ensaio de coloração com azul de metileno

11.2.1.1.1 Objetivo do teste

Os argilominerais presentes nos solos provêm principalmente da alteração físico-química das rochas. A estrutura cristalina estratificada das argilas confere-lhes um conjunto de propriedades comportamentais ligadas à sua afinidade com a água, *denominada "atividade"*, que conduz aos fenómenos de inchamento, plasticidade e coesão observados nestes solos.

11.2.1.1.2 Princípio do teste

O teste do azul de metileno é utilizado para avaliar a atividade global da fração argilosa de um solo, medindo as superfícies internas e externas dos grãos de argila. Para o efeito, são fixadas moléculas de azul de metileno aos grãos de argila e é utilizado um teste simples para avaliar a quantidade de azul fixada. Este valor é utilizado para calcular o valor azul do solo ou VBS, que é um indicador essencial para classificar os solos utilizados para terraplanagens e bases de estradas.

11.2.1.1.3 Equipamento utilizado

Balança de gama suficiente com uma precisão relativa de 0,1%;

Cronómetro ou equivalente com indicação do segundo;

Peneira de malha quadrada com abertura de 5 mm;

Copo de plástico ou de vidro graduado;
Um agitador mecânico de pás com uma velocidade de rotação que abrange pelo menos a gama de 400 rpm a 700 rpm. O diâmetro das pás é de 70 mm a 80 mm. A forma e as dimensões das pás devem permitir que todas as partículas do solo sejam postas em movimento;
Um recipiente cilíndrico (vidro, plástico, aço inoxidável) com uma capacidade mínima de 3000 cm3 e um diâmetro interno de (155 ± 10) mm;
Bureta de 50 ml, ou uma bureta automática, graduada em 1/10 de ml ;
Papel de filtro branco com uma massa por unidade de superfície de (95 ± 5) g/m^2 , uma espessura de $(0,2 \pm 0,02)$ mm, uma velocidade de filtração de (75 ± 10) s por 100 ml (segundo o método ASTM) e um diâmetro de retenção de (8 ± 5) ^m ;
Vareta de vidro com 8 mm de diâmetro e cerca de 300 mm de comprimento;
Solução de azul de metileno de qualidade medicinal a 10 g/l mais ou menos 0,01 g/l (prazo de validade: 1 mês no máximo);
Água desmineralizada ou destilada.

11.2.1.1.4   Modo de funcionamento
A dosagem consiste na injeção sucessiva de doses específicas de azul de metileno na suspensão do solo até se atingir a saturação das partículas de argila. O teste pontual é utilizado para identificar o momento da saturação. Retira-se uma gota de líquido do copo que contém o solo impregnado de azul e coloca-se sobre o papel de filtro colocado horizontalmente ao ar (diâmetro do depósito entre 8 e 12 mm). Há dois casos possíveis:
Se a mancha central estiver rodeada por uma auréola azul-turquesa, o teste é positivo. Neste caso, o teste está completo e as partículas de argila estão saturadas com azul de metileno. O teste é repetido de forma idêntica, cinco vezes com intervalos de um minuto, para confirmação;
Se a mancha estiver rodeada por uma aureola húmida incolor, o teste é negativo. Neste caso, adiciona-se azul de metileno em doses de 5 cm3 até o teste ser positivo. O teste é repetido de forma idêntica, cinco vezes com intervalos de um minuto, para confirmação.
O quadro II.1 resume o procedimento pormenorizado, fase a fase, para a realização do ensaio com azul de metileno.

Quadro II.1 - *Procedimento para a realização do ensaio do azul de metileno.*

Dosagem cinematográfica	Comentários
a. Adicionar 5 cm3 de azul e passar para 2.	1ere fase: adição de azul de metileno em etapas grosseiras (5 cm3), seguida do teste de coloração após 1 min ± 10 s.
b. Teste pontual após 1 min t 10 s : - Se o teste for negativo, voltar ao ponto 1; - Se o teste for positivo, passar ao ponto 5.	Se o teste for positivo com menos de 10 cm3 de azul de metileno, repetir o teste com uma amostra maior.
c. Adicionar 2 cm3 de azul e passar para 4.	2eme fase: após o primeiro teste positivo imediato, o azul é adicionado em pequenos passos (2 cm3) porque a suspensão está a ficar saturada.
d. Teste pontual imediato após 1 minuto: - Se o teste for negativo, voltar ao ponto 3 ; - Se o teste for positivo, passar ao ponto 5.	/
e. Efetuar a confirmação do teste 5 vezes por minuto durante 5 minutos: - Se o teste for negativo, voltar ao passo 3; - Se o teste for positivo, fim da dosagem.	3eme fase: confirmação do teste positivo durante 5 minutos.

11.2.1.1.5   Expressão dos resultados
Teor de água da amostra :

$$w = \frac{m_{h2} - m_{g2}}{m_{g2}} \qquad (\%) \qquad (Eq.\ II.1)$$

Massa seca da amostra para ensaio :

$$m_0 = \frac{m_{h1}}{1 - w} \qquad (\%) \qquad (Eq.\ II.2)$$

Massa de azul introduzida (solução a 10 g/l) :

$$B = 0.01 * V \qquad (\%) \qquad (Eq.\ II.3)$$

Valor azul para materiais com Dmax < 5 mm :

$$VBS = \frac{B}{m_0} * 100 \qquad (\%) \qquad (Eq.\ II.4)$$

Valor azul para materiais com Dmax > 5 mm :

$$VBS = \frac{B}{m_0} * C * 100 \qquad (\%) \qquad (Eq.\ II.5)$$

Ou :

VBS: é o valor de azul de metileno de um solo. É expresso em gramas de azul por 100 g da fração 0/50 mm do solo estudado;

Dmax: é a dimensão máxima dos maiores elementos contidos no solo (ver NF P 11-301);

mh1: é a massa húmida da amostra que constitui a primeira amostra para ensaio (expressa em gramas);

mh2: é a massa húmida da amostra que se destina a ser seca e que constitui a segunda amostra para ensaio (expressa em gramas);

mh3: é a massa húmida da amostra que constitui a terceira amostra para ensaio (expressa em gramas);

ms2: é a massa da amostra após secagem, correspondente à segunda amostra de ensaio (expressa em gramas);

B: é a massa de azul introduzida na solução (solução a 10 g/l);

V: é o volume da solução azul utilizada (expresso em centímetros cúbicos);

C: é a proporção da fração de 0/5 mm na fração de 0/50 mm do material seco;

w: é o teor de água, expresso em valor decimal.

11.2.1.1.6 Interpretação dos resultados

A Tabela II.2 mostra a classificação do tipo de solo de acordo com o coeficiente de valor azul do solo (VBS) (LCPC-SETRA 2000).

Tabela II.2 - Classificação de acordo com o VBS (SETRRA-LCPC 2000).

VBS (%)	Classificação
0.1	Solo insensível à água
0.2	Início da sensibilidade à água
1.5	Limiar que distingue os solos franco-arenosos dos solos argilo-arenosos
2.5	Limiar para distinguir solos siltosos de baixa plasticidade de solos siltosos de média plasticidade;
6	Limiar que distingue solos siltosos de solos argilosos
8	limiar para distinguir solos argilosos de solos muito argilosos

II.2.1.2 Análise granulométrica

A análise granulométrica permite distinguir os agregados de acordo com as classes granulométricas comercializadas pelos fabricantes. O desenvolvimento de uma composição de betão exige um perfeito conhecimento da granulometria e da granularidade, uma vez que a resistência e a trabalhabilidade do betão dependem essencialmente do agregado. Além disso, a dimensão "D" do agregado é limitada por

29

diversas considerações relativas à estrutura a betonar: espessura da peça, espaçamento das armaduras, densidade das armaduras, complexidade da cofragem, risco de segregação, etc.

As areias devem ter uma granulometria tal que os elementos finos não estejam em excesso nem em proporção demasiado pequena. Se houver demasiados grãos finos, será necessário aumentar o teor de água do betão, enquanto que se a areia for demasiado grossa, a plasticidade da mistura será insuficiente e dificultará a sua colocação.

Os agregados utilizados na construção e na engenharia civil são materiais laminados ou triturados de origem natural, artificial ou reciclada, com dimensões entre 0 e 125 mm. Não são geralmente constituídos por elementos de igual dimensão, mas por um conjunto de grãos cujas dimensões variáveis se situam entre dois limites: a menor dimensão "d" e a maior dimensão "D" em mm.

Os agregados são seleccionados por tamanho utilizando crivos de *"malha quadrada"* e crivos de *"orifício circular"* e uma classe de agregado é designada por um ou dois algarismos. Se for indicado apenas um número, trata-se do diâmetro máximo "D" expresso em mm; se forem indicados dois números, o primeiro indica o diâmetro mínimo "d" dos grãos e o segundo o diâmetro máximo "D".

Existem cinco classes granulares principais, caracterizadas pelas dimensões extremas *(d e D)* dos agregados encontrados:

0/D "finos" com D <0,08 mm ;

0/D "areias" com D <6,3 mm ;

Cascalho" d/D com d >2 mm e D <31,5 mm ;

Seixos" d/D com d >20 mm e D <80 mm ;

O d/D "baixo" com d >6,3 mm e D <80 mm.

11.2.1.2.1 Objetivo do teste

A análise granulométrica por *"peneiração"* e *"sedimentometria"* consiste em determinar a distribuição do tamanho dos grãos que compõem um granulado com dimensões entre *"0,063"* e *"125 mm"* (determinação da distribuição dos grãos do solo em função do seu tamanho numa amostra). Designa-se por :

*   Uma *"recusa"* num peneiro é a quantidade de material retido no peneiro;
*   Uma *"peneira"* é a quantidade de material que passa através da peneira.

Representação da distribuição da massa de partículas no estado seco em função do seu tamanho.

11.2.1.2.2 Princípio do teste

A análise granulométrica por *"peneiração"* consiste em dividir um material em várias classes granulares de dimensão decrescente, utilizando uma série de *"peneiras"*. As massas dos diferentes rejeitos e peneiras são relacionadas com a massa inicial do material. As percentagens assim obtidas são analisadas graficamente.

No entanto, a *"sedimentometria"* é um ensaio que completa a análise granulométrica do solo por peneiração. Aplica-se a partículas com um diâmetro inferior a 0,100 mm. Esta análise é utilizada para determinar a percentagem de partículas de argila num material. No estudo dos solos, a argila é definida como a fração de material constituída por elementos com diâmetros inferiores a 2um, e separada durante a análise mecânica.

A análise granulométrica por *sedimentometria* consiste em medir o tempo de sedimentação numa coluna de água, ou seja, a velocidade de queda das partículas.

11.2.1.2.3 Equipamento utilizado

Máquina de peneirar (Vibro-tamis) ;

Tampa para evitar a perda de material durante a peneiração e um recipiente inferior para recolher a última peneira;

Recipientes de metal ou de plástico;

Colher de mão para enchimento ;

Capacidade de 5 kg, precisão de 1 g ;

Forno regulado a 105 ± 5°C;

Série de peneiras com aberturas de malha normalizadas;

A malhagem e o número de peneiros são escolhidos em função da natureza da amostra e da precisão esperada;

As aberturas de peneira recomendadas para medir o tamanho dos agregados de areia são (em mm) :

- A série de peneiros 0,08 - 0,16 - 0,32 - 0,63 - 1,25 - 2,5 - 5 - 10 - 20 - 50 - 100 - 200 é adoptada pela antiga norma francesa XP P18-540 (1997);

- A norma atual (EN 933-2 2020) recomenda as seguintes séries de peneiras para a análise granulométrica de areias: 0,063 - 0,125 - 0,25 - 0,50 - 1 - 2 - 4 - 8 - 16 - 31,5 - 63 - 125.

As aberturas de peneira recomendadas para medir o tamanho de cascalho e seixos são (em mm) :

- As séries de crivos 8 - 16 - 31,5 - 63 - 125 podem ser utilizadas de acordo com a norma EN 933-2 (2020);

- A série de peneiras 6,3 - 8 - 10 - 12,5 - 16 - 20 - 25 - 31,5 - 40 - 50 - 63 - 80 também está disponível.

11.2.1.2.4   Modo de funcionamento

Em primeiro lugar, a amostra analisada deve ser suficientemente grande para ser mensurável e não demasiado grande para saturar os crivos ou provocar o seu transbordo. Por conseguinte, é impensável analisar uma amostra com apenas um micrograma da mesma forma que uma amostra com uma tonelada. A gama de limites de massa "M" evita estes problemas. A massa da amostra a colher, "M", deve situar-se no intervalo: "$0,2D < M < 0,6D$". Note-se que este intervalo é expresso em função de "D", que representa o "D" da classe de agregados "d/D" em mm ou "M" é indicado em kg. Por exemplo, para efetuar uma análise granulométrica de uma brita 4/12,5, é necessário identificar "D": neste caso $D=12,5$mm, será então necessário recolher amostras com uma massa compreendida entre: 0,2*12,5 < M < 0,6*12,5, ou seja: 2,5kg < M < 7,5kg. Neste caso, a massa "M" pode ser escolhida como sendo igual a 3kg. Os passos seguintes devem ser seguidos para a análise granulométrica por peneiração:

Secar no forno a 105 ± 5°C durante 24 horas;

Pegar numa quantidade de material seco, que depende da granulometria máxima "D";

Pesar a massa "D" do material dentro dos limites definidos pela seguinte fórmula: 0,2D < M < 0,6D em que a massa "M" é expressa em (kg);

Montar e encaixar a coluna de peneiras por ordem decrescente de abertura da malha, depois adicionar a tampa e a base estanque para recolher as partículas finas;

Deitar os grânulos na peneira superior e tapar;

Colocar a série de peneiras no crivo vibratório e fazê-las vibrar durante alguns minutos. Terminar com uma agitação horizontal e vertical;

Agitar o peneiro superior com o seu conteúdo num tabuleiro limpo. Parar de agitar quando a rejeição do peneiro não variar mais de 1% em massa por minuto de peneiração;

Pesar o rejeitado (com uma aproximação de 0,1 %) e deitar o crivo no crivo seguinte com o que já lá está;

Fazer o mesmo com o segundo peneiro. Colocar o novo rejeitado na balança juntamente com o primeiro e deitar o novo peneiro no terceiro peneiro. Anotar a rejeição acumulada dos dois peneiros;

Peneirar até ao último peneiro. Pesar o material peneirado no fundo com a soma das rejeições acumuladas e encontrar a massa pesada no início. A perda de material não deve exceder 2% da massa total da amostra;

Traçar a curva de distribuição granulométrica num gráfico com a percentagem de material peneirado sob os peneiros cuja malhagem "D" é indicada no eixo x, utilizando uma escala logarítmica. Por exemplo, para traçar a curva de distribuição granulométrica para a areia 0/5, o peso dos peneiros sucessivos é utilizado para determinar as percentagens dos peneiros (ver quadro abaixo) correspondentes a cada um dos peneiros utilizados.

Para a análise granulométrica por sedimentação, pesa-se uma massa de 20g de material seco e coloca-se num tubo de ensaio "A". De seguida, adicionam-se 30cm³ de solução de hexametafosfato de sódio a

31

5% e 200cm^3 de água desmineralizada e agita-se manualmente toda a mistura. Após um período de repouso de 24 horas, a solução é novamente agitada durante 10 minutos e o volume da solução no tubo de ensaio "A" é completado até 1000 cm^3 com água desmineralizada. Do mesmo modo, prepara-se outra solução no tubo de ensaio "B": 30 cm^3 de solução de hexametafosfato de sódio a 5%, completada até 1000 cm^3 com água desmineralizada. Os tubos de ensaio "A" e "B" são colocados num banho de água fria para uniformizar a temperatura. Introduz-se primeiro o densímetro no tubo de ensaio "B" e, ao mesmo tempo, agita-se vigorosamente a solução do tubo de ensaio "A".

Em momentos diferentes, após a leitura de "B", o densitómetro é retirado e introduzido suavemente no tubo de ensaio "A" e a leitura é feita novamente. De cada vez que o densímetro é lido, mede-se também a temperatura no banho de água fria.

11.2.1.2.5   Expressão dos resultados

O **coeficiente de uniformidade** "c_u" é utilizado para descrever a granulometria, que é calculada pela seguinte equação

$$C_u = \frac{D_{60}}{D_{10}} \qquad \text{(sans unité)} \qquad \text{(Eq. II.6)}$$

O **coeficiente de curvatura** "Cc" é calculado pela equação :

$$C_c = \frac{D_{30}^{\,2}}{D_{10} * D_{60}} \qquad \text{(sans unité)} \qquad \text{(Eq. II.7)}$$

O **módulo de finura** "Mf" é uma caraterística importante, especialmente para areias. Por definição, é o centésimo (1/100) da soma das recusas acumuladas (expressas em percentagem em massa) dos crivos da seguinte série: 0,125 - 0,25 - 0,5 - 1 - 2 - 4.

$$M_f = \frac{\sum Refus\ cumul\acute{e}\ (0.125 + 0.25 + 0.5 + 1 + 2 + 4)}{100} \qquad (\%) \qquad \text{(Eq. II.8)}$$

11.2.1.2.6   Interpretação dos resultados

O resultado do **coeficiente de uniformidade** "c_u" pode ser interpretado da seguinte forma (Quadro 11.3) :

Tabela II.3 - Granulometria em função do c_u.

C_u	Granulometria
1	Um só torrão
1 a 2	Muito uniforme
2 a 5	Uniforme
5 a 20	Pouca uniformidade
> 20	Muito bem

O resultado do **coeficiente de curvatura** "Cc" pode ser interpretado da seguinte forma: Considera-se que quando c_u é maior que 4 para cascalho e maior que 6 para areia, então 1<Cc<3 dá um tamanho de partícula bem graduado (baixa porosidade) ou material bem graduado (a continuidade é bem distribuída). Se Cc < 1 ou Cc > 3 -* material mal graduado (a continuidade é mal distribuída).

O resultado do **módulo finesse** pode ser interpretado da seguinte forma:

• Para 1,8 < Mf < 2,2: a areia contém uma maioria de elementos finos e muito finos, o que significa que o teor de água deve ser aumentado. A areia deve ser utilizada se a facilidade de processamento for particularmente importante, provavelmente em detrimento da resistência;

• Para 2.2 < Mf < 2.8: a areia deve ser utilizada se for necessária uma trabalhabilidade satisfatória e uma boa resistência com um risco limitado de segregação. Trata-se de uma boa areia;

• Para 2,8 < Mf < 3,2: a areia carece de finura e o betão perde trabalhabilidade. A areia deve ser utilizada se for necessária uma resistência elevada em detrimento da trabalhabilidade e com o risco de segregação;

- Para Mf > 3,2 a areia deve ser rejeitada.

Nota: A correção de um agregado é necessária quando a sua curva granulométrica apresenta uma descontinuidade ou quando há falta ou excesso de grãos numa zona de peneiração. A correção consiste em compensar estes desvios através da adição de outro agregado até se obter uma mistura com as qualidades desejadas. Esta prática é usual para a modificação do módulo de finura "*Mf*" das areias de betão hidráulico.

11.2.1.3 Limites de Atterberg

Os limites de Atterberg são teores de água correspondentes a estados particulares de um solo. Este ensaio é geralmente aplicado a solos com uma percentagem de finos (80шш) superior a 35%. Por outro lado, a determinação do teor de argila de um solo utilizando os limites de Atterberg em vez do ensaio VBS (Value of Soil Blue, VBS) é preferível sempre que o solo é argiloso a muito argiloso.

11.2.1.3.1   Objetivo do teste

O principal objetivo é caraterizar o teor de argila de um solo e, por conseguinte, determinar os teores de água notáveis localizados na fronteira entre estes diferentes estados são os "Limites de Atterberg", ou seja, :

O limite líquido (wL), que define a fronteira entre os estados plástico e líquido; O limite plástico (wP), que define a fronteira entre os estados sólido e plástico.

11.2.1.3.2   Princípio do teste

O ensaio é realizado na fração 0/400шш em duas fases:

Determinação do teor de água "WL" para o qual uma ranhura num copo fecha até 10 mm após 25 impactos repetidos (este limite líquido corresponde à resistência ao cisalhamento convencional);

Determinação do teor de água "wP" a partir do qual um rolo de solo de 3 mm de diâmetro fissura (este limite de plasticidade corresponde à resistência à tração convencional)

11.2.1.3.3   Equipamento utilizado

Dispositivo Casagrande;

Ferramenta de ranhurar e espátula ;

Calço de 10 mm de espessura ;

Tampo em mármore com secador de cabelo;

Pesagem de cápsulas ;

Forno ;

Saldo ;

Pissette.

11.2.1.3.4   Modo de funcionamento

O material preparado para o ensaio deve ser amassado até se obter uma pasta homogénea, quase fluida. Para determinar o limite de líquido, enche-se um prato limpo e seco com uma espátula e uma massa de pasta de cerca de 70 g. Esta massa, espalhada em várias camadas para evitar a formação de bolhas de ar, apresenta, no final da operação, um aspeto simétrico em relação ao eixo vertical do copo. A massa é então dividida em duas partes utilizando a ferramenta de ranhurar. A came é activada para submeter o copo a uma série de impactos a um ritmo de 2 golpes por segundo. Regista-se o número de impactos (NC) necessários para unir os lábios da ranhura num comprimento de aproximadamente 10 mm, de acordo com a norma NF P 94-051 (1993), ou num comprimento de aproximadamente 13 mm, de acordo com a norma ASTM D4318 (2000). Toda a operação é efectuada pelo menos quatro vezes com a mesma massa, mas com um teor de água diferente de cada vez. O ensaio só é prosseguido quando a NC se situa entre 15 e 35. O número de choques da série de ensaios deve estar compreendido entre 25 e a diferença entre dois valores consecutivos deve ser inferior ou igual a 10. Por fim, retiram-se cerca de 5 a 10 g de massa do copo com uma espátula de cada lado dos lábios da ranhura para determinar o teor de água por secagem em estufa.

Por definição, o limite de líquido *"WL"* é o teor de água do material que corresponde convencionalmente a um fecho de 10 mm ou 13 mm (consoante a norma AFNO ou ASTM utilizada) dos lábios da ranhura após 25 impactos. É calculado a partir da equação da reta média ajustada aos pares de valores experimentais (NC, WL) para pelo menos quatro pares de valores. O WL é obtido para um valor NC igual a 25 golpes. É expresso em percentagem e arredondado para o número inteiro mais próximo.

No entanto, para o limite de plasticidade, forma-se um pellet da massa previamente preparada e enrola-se manualmente numa placa lisa, de modo a obter um rolo que se vai adelgaçando até atingir 3 mm de diâmetro. O limite de plasticidade é atingido quando, ao mesmo tempo, o rolo se fende e atinge um diâmetro de 3 mm. Após o aparecimento das fissuras, a parte central do rolo é retirada e colocada numa cápsula de massa conhecida, imediatamente pesada e colocada na estufa para determinar o seu teor de água.

Por definição, o limite de plasticidade $"_{WP}"$ é o teor de água convencional de um rolo de solo que racha quando o seu diâmetro atinge 3 mm. Este limite de plasticidade é a média aritmética dos teores de água obtidos em três ensaios. O valor é expresso em percentagem.

11.2.1.3.5 Expressão dos resultados

De acordo com Atterberg (1911), o índice de plasticidade $"_{PI}"$ é a gama de teores de água dentro da qual o solo se comporta como um material plástico. O índice de plasticidade é, portanto, igual à diferença entre os valores do limite líquido e do limite plástico.

$$I_p = W_L - W_P \qquad (\%) \qquad (\text{Eq. II.9})$$

Os limites de Atterberg são utilizados para calcular o índice de consistência "Ic", que caracteriza o estado hídrico de um solo (Wn: é o teor natural de água):

$$I_c = \frac{W_L - W_n}{I_p} \qquad (\text{sans unité}) \qquad (\text{Eq. II.10})$$

Ic = 0 se Wn = WL: o material está no estado líquido;
Ic = 1 se Wn = WP: o material é sólido.

11.2.1.3.6 Interpretação dos resultados

O GTR utiliza os seguintes limiares (Quadro II.4):

Tabela II.4 - Argiloso em função do índice de plasticidade (LCPC-GTR 2000).

Ip	Argilosite
0 a 12	Baixa
12 a 25	Média
25 a 40	Forte
> 40	Muito forte

Por outro lado, o índice de plasticidade caracteriza a largura da zona onde o solo em estudo tem um comportamento plástico (Quadro II.5):

Tabela II.5 - Estado do iol em função do índice de platicidade (LCPC-GTR 2000).

Ip	Estado do solo
0 a 5	Não plástico
5 a 15	Plástico pequeno
15 a 40	Plástico
> 40	Muito plástico

11.2.1.4 Ensaio de limpeza ou "equivalente de areia

As areias utilizadas nos diferentes domínios não são todas limpas; contêm uma maior ou menor proporção de argilas finas nocivas que podem reduzir consideravelmente a qualidade dos materiais. Esta proporção relativa de impurezas na areia pode ser determinada através de um ensaio de limpeza conhecido como "equivalente de areia". Este ensaio consiste em flocular as impurezas da areia em condições normalizadas de tempo e agitação (EN 933-8-1999; NF EN 933-8-1999).

11.2.1.4.1   Objetivo do teste
O ensaio é geralmente utilizado para medir a limpeza da areia utilizada na composição do betão. O procedimento normalizado permite determinar um coeficiente equivalente de areia que quantifica a limpeza da areia.

11.2.1.4.2   Princípio do teste
O ensaio consiste em suspender as *"partículas* finas *<0,063 mm ou 63 pm"* após agitação, deixando-as em seguida depositar-se no fundo de um tubo transparente, como indicado na figura II.1.

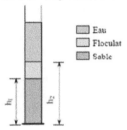

Figura II. 1 - Ensaio equivalente em areia (LCPC-GTR 2000).

11.2.1.4.3   Equipamento utilizado
Os principais elementos do equipamento são dois tubos de ensaio graduados, nos quais o ensaio será repetido de forma semelhante, um êmbolo com um peso bem definido e um agitador automático. Os tubos de ensaio são de vidro ou de plástico transparente, com 40 cm de altura, munidos de uma rolha de borracha e graduados. O pistão de medição é constituído por :
Uma vara de 43 cm de comprimento;
Uma base com um diâmetro de 2,5 cm, com uma superfície inferior plana e lisa perpendicular ao eixo da haste, e três parafusos laterais para centrar o pistão no cilindro;
Uma manga, com 1 cm de espessura, que se encaixa no cilindro graduado e serve para guiar a haste, ao mesmo tempo que serve para localizar a penetração do pistão de ensaio no cilindro;
Um peso fixado na extremidade superior da haste para dar a todo o pistão de ensaio, excluindo a manga, uma massa total de 1 *kg* ;
Utiliza-se igualmente um tubo de lavagem, com 50 cm de comprimento e 4 *mm de* diâmetro interno. É utilizado para fazer circular a solução de lavagem através da amostra a testar.
Tubos de ensaio de plástico (vidro) normalizados "com duas (2) marcas de referência", munidos de duas rolhas;
Pistão de tara normalizado;
Tubo de lavagem, Funil ;
Garrafão de 5 litros com pistão e tubo flexível de 1,50 m;
Podem também ser utilizados equipamentos não especializados de uso quotidiano, tais como: uma régua de medição, uma peneira, uma espátula, vários recipientes, uma balança e um cronómetro.

11.2.1.4.4   Modo de funcionamento
O ensaio é efectuado na fração 0/2 mm da areia a estudar. A amostra é lavada por um processo normalizado e deixada em repouso. Após 20 minutos, os elementos são medidos. Esta medição pode ser efectuada através de dois tipos de medição:
Medição com uma balança (ESV) ;
Medição com um pistão (ES).

a)- Preparação do equipamento de ensaio
Peneirar a areia com um peneiro de 4 mm, retirar o rejeitado e recolher todo o peneiro;
Colocar o garrafão que contém os 5 litros de solução de lavagem a (1 *m)* acima do fundo dos tubos de ensaio;
Preparar o absorvedor de som e ligá-lo ao tubo de lavagem;

35

Preparar dois tubos de ensaio padrão limpos;

Encher ambos os tubos de ensaio com solução de lavagem até à primeira marca (linha inferior).

b)- Enchimento, agitação e lavagem

Para os três ensaios, encher as provetas graduadas com uma solução de lavagem até à primeira marca inferior;

Com a ajuda de um funil, deitar 120 g de areia seca no tubo de ensaio. Se não se dispuser de areia seca (seca na estufa a $105 \pm 5°C$ durante 24 horas), determinar o teor de água (w) e tomar uma quantidade de areia húmida correspondente a 120 g de areia seca, ou seja: 120 $(1 + w)$ *(em g)* ;

Eliminar as bolhas de ar (bater com a palma da mão);

Deixar repousar durante 10 minutos para humedecer o tubo de ensaio;

Tapar os tubos de ensaio e agitar cada tubo de ensaio durante 30 segundos com um agitador elétrico (movimento retilíneo, horizontal, sinusoidal, amplitude de 20 cm, 90 movimentos para a frente e para trás);

Lavar e encher os tubos de ensaio na posição vertical, utilizando o tubo de lavagem:

• Enxaguar a rolha sobre o tubo de ensaio e baixar o tubo de lavagem para dentro do tubo de ensaio, de modo a passar através do sedimento no fundo da proveta, rodando-o entre os dedos, lavando assim as paredes internas do tubo de ensaio;

• Para lavar a areia, baixar e levantar lentamente o tubo de lavagem que é rodado entre os dedos na massa de areia, fazendo emergir as partículas finas e os elementos argilosos;

• Puxar lentamente o tubo de lavagem para fora quando o nível do líquido atingir a linha superior.

Deixar cada tubo de ensaio em repouso durante 20 minutos, evitando qualquer vibração.

11.2.1.4.5   Expressão dos resultados

A proporção de finos em relação ao resto da amostra é então medida e calculada pela Eq. II.11 abaixo:

$$E_S = \frac{H_1}{H_2} * 100 \qquad (\%) \qquad (Eq. \text{II}.11)$$

Ou :

H_1: altura da areia limpa + elementos finos (ou floculantes) ;

H_2: altura total apenas da areia limpa.

11.2.1.4.6   Interpretação dos resultados

O cálculo é efectuado para cada provete. Se os dois valores obtidos diferirem em mais de quatro "4", o procedimento de ensaio deve ser repetido. O equivalente de areia (SE) da amostra ensaiada é a média dos valores obtidos para cada provete, arredondada para o número inteiro mais próximo. As recomendações de limpeza para as areias utilizadas no betão são dadas no Quadro II.6.

Para o betão rodoviário, quer seja varrido, estriado, impresso, desativado ou arrolhado, as recomendações são as seguintes: (ES>60).

Para as areias finas: se 60< ES <70, diz-se que a areia é argilosa.

Para a areia grossa: se ES >80, diz-se que a areia é muito limpa;

Tabela II.6 - Valores naturais e recomendados para o equivalente de areia.

ES no pistão (%)	Natureza e qualidade da areia
ES<60	Areia argilosa - Risco de retração ou inchaço, a rejeitar para betão de qualidade.
60 <ES<70	Areia ligeiramente argilosa - adequada para betão de qualidade em que não se receia particularmente a retração.
70 < ES < 80	Areia limpa - baixa percentagem de finos de argila Perfeito para betão de alta qualidade.
ES >80	Areia muito limpa - a ausência quase total de argila fina poderia levar a uma falta de plasticidade do betão, que teria de ser compensada pelo aumento do teor de água.

11.2.1.5 Ensaio de compactação

O objetivo da compactação do solo é melhorar as propriedades geotécnicas do solo. Depende de quatro variáveis principais:

A densidade do solo seco ;

Teor de água ;

Energia de compactação ;

Tipo de solo (distribuição granulométrica, presença de minerais de argila, etc.)

11.2.1.5.1 Objetivo do teste

O objetivo do ensaio Proctor é determinar o teor de água ideal para um determinado solo de aterro e condições de compactação fixas, o que conduz à melhor compactação possível ou à capacidade de carga máxima.

11.2.1.5.2 Princípio do teste

O ensaio consiste na compactação da amostra de solo a estudar num molde normalizado, utilizando um tamper normalizado, de acordo com um processo bem definido, e na medição do seu teor de água e peso específico seco após a compactação. O ensaio é repetido várias vezes em amostras com diferentes teores de água. São assim definidos vários pontos de uma curva (w; Yd); esta curva é traçada como um máximo, cuja abcissa é o teor de água ótimo e a ordenada a densidade seca óptima.

Para estes ensaios, podem ser utilizados dois tipos de moldes, consoante a finura dos grãos do solo:

O molde Proctor $\Phi_{moule-mtёriem}$ = 101,6 mm / H = 117 mm (sem extensão), $V_{moule-Proctor}$ = 948cm^3 ;

O molde CBR Φ_{mould} = 152 mm / H = 152 mm (sem riser) com um disco espaçador de 25,4 mm de espessura, ou seja, uma altura H_{utile} = 126,6 mm, $V_{mould-CBR}$ = 2296 cm^3 .

Podem ser efectuados dois tipos de ensaios com cada um destes moldes (em função da energia de compactação necessária):

O teste Proctor Normal (PN);

O Teste Proctor Modificado (MPT).

A escolha da intensidade de compactação depende da sobrecarga a que a estrutura estará sujeita durante a sua vida útil:

Ensaio Proctor Normal: Resistência desejada relativamente baixa, do tipo de aterro sem carga ou com carga ligeira;

Ensaio Proctor modificado: É necessária uma resistência elevada, do tipo de pavimento de autoestrada.

O quadro II.7 resume as condições de cada ensaio em função do molde utilizado (norma NF P 94-093):

Quadro II.7 - Condições retidas para a escolha do molde (NF P 94-093).

Teste	Peso da senhora (Kg)	Altura da queda (cm)	Número de cursos por camada	Número de camadas	Energia de compactação Kj/m^3
Teste de proctor	Normal 2,49	30.5	25 (molde Proctor)	3	587
			55 (mexilhão CBR)	3	533
	Altera 4.54	45.7	25 (molde Proctor)	5	2680
			55 (mexilhão CBR)	5	2435

11.2.1.5.3 Equipamento utilizado

Molde CBR (eventualmente Proctor) ;

Dame Proctor normal ou modificado ;

Regra de nivelamento ;

Disco espaçador ;

Tanques de homogeneização para preparação de materiais ;

Peneiras de 5 e 20 mm (controlo e calibragem da amostra, se necessário);

Espátula, espátula, pincel, etc;

37

Garrafa graduada de 150 ml aprox;

Pequenos recipientes (medições do teor de água) ;

Capacidade de pesagem 20 kg, precisão ± 5 g ;

Balança de precisão de 200 g, exatidão ± 0,1 g ;

Forno 105°C ± 5° C ;

Galheteiro para óleo.

11.2.1.5.4 Modo de funcionamento

a)- Preparação das amostras para ensaio

Quantidades a amostrar

A curva exigirá pelo menos cinco ensaios "5" [1 ponto (w; Yd) por ensaio]. É preferível efetuar seis ensaios "6". Para os seis pontos de medição "6", devem ser tomados 15 kg para o "molde PROCTOR" e 33 kg para o "molde C.B.R".

Verificação da viabilidade da amostra

Se D > 20 mm, o solo deve ser peneirado a 20 mm e o rejeitado pesado. Neste caso, há dois casos possíveis:

- Se a recusa for < 25%, o ensaio deve ser efectuado no molde CBR, mas sem incorporar a recusa (amostra cortada a 20 mm);
- Se a rejeição for > 25%, o ensaio PROCTOR não deve ser efectuado (compactação perigosa).

Preparação da amostra

- Triturar os torrões à mão ou com um misturador, mas não as pedras, e homogeneizar cuidadosamente o material (o seu teor de água deve ser homogéneo);
- Secar o material ao ar ou na estufa (3 a 5 horas a 60°C), para facilitar a peneiração e para iniciar o ensaio com um teor de humidade inferior ao teor de humidade ótimo de Proctor (o ensaio é realizado com um teor de humidade crescente);
- Cortar a amostra até 20 mm (se necessário).

Determinação do teor de água inicial

- A experiência mostra que é bom ter uma diferença de cerca de 2% no teor de água entre cada ponto (curva harmoniosa). 4% é o máximo.
- É aconselhável iniciar o ensaio com um teor de água (w) que seja aproximadamente 4 ou 5% inferior ao w_{opt} (w_{opt} situa-se geralmente entre 10 e 14%).

b)- Preparação do equipamento

A escolha do molde depende do tamanho "D" dos grãos grossos do solo e, neste caso, há dois casos possíveis:

Se D < 5 mm (e apenas neste caso), o molde Proctor é autorizado, mas o molde CBR é recomendado;

Se 5< D < 20 mm, utilizar o molde CBR (manter o pavimento intacto com todos os seus componentes);

Se D > 20 mm, mas recusa < 25 %, o ensaio é efectuado no molde C.B.R. (solo raspado a 20 mm);

Atenção: Se D > 20 mm, mas recusas > 25%, o ensaio Proctor não pode ser efectuado.

c) - Realização do teste

Para o ensaio de Proctor Normal, o enchimento é efectuado em três camadas "3", enquanto que para o ensaio de Proctor Modificado, o enchimento é efectuado em cinco camadas "5". Para a correcta execução do ensaio, devem ser seguidos os seguintes passos:

Montar o molde + a base + o disco distanciador (se o molde for C.B.R.) + o disco de papel no fundo do molde (facilita a desmoldagem) e depois pesar todo o conjunto "i.e. P1";

Adaptar o encaixe e introduzir a camada de 1ere e compactá-la. Colocar o molde sobre uma base de betão com um peso mínimo de 100 kg, ou sobre um pavimento de betão com 25 cm de espessura, de modo a que toda a energia aplicada incida sobre a amostra. Conselhos: riscar a superfície compactada para melhorar a ligação com a camada seguinte;

38

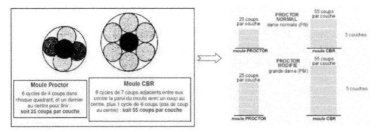

Figura II.2 - *Distribuição dos golpes gerados na superfície de cada camada de acordo com o tipo de molde utilizado.*

Repetir a operação para cada camada (três "3" para a energia de compactação Normal; cinco "5" para a P. Modificada);

Quando a última camada tiver sido compactada, remover a camada superior. A terra compactada deve sobressair do molde cerca de 1 cm. Caso contrário, repetir o ensaio;

Durante o nivelamento, deve ter-se o cuidado de não criar buracos na superfície nivelada;

Pesar o conjunto "acabado de nivelar" ou P2 (peso do molde + base + disco distanciador (se o molde for C.B.R.) + disco de papel no fundo do molde (facilita a desmoldagem) + chão depois de nivelado);

Retirar a base (e o disco distanciador, se necessário) e recolher duas amostras "2" da amostra, uma em cima e outra em baixo; determinar o teor de água w; calcular a média dos dois valores obtidos;

Aumente o teor de água w da sua amostra inicial em 2% e repita o teste cinco "5" a seis "6" vezes, depois de limpar bem o seu molde de cada vez.

11.2.1.5.5   Expressão e interpretação dos resultados

A densidade seca " γd " da amostra estudada é então calculada pela Eq. II.12 abaixo:

$$\gamma_d = \frac{\gamma_h}{1 + \omega} \qquad (kN/m^3) \qquad (Eq. II.12)$$

Ou :

Yh: Densidade húmida ;

w: Teor de água.

A densidade húmida " γh " da amostra estudada é então calculada pela Eq. II.13 abaixo:

$$\gamma_h = \frac{P_2 - P_1}{V_{moule}} \qquad (kN/m^3) \qquad (Eq. II.13)$$

Ou :

P1: Peso do conjunto "molde + base + disco distanciador (se o molde for C.B.R.) + disco de papel no fundo do molde (facilita a desmoldagem)";

P2: Peso do conjunto "molde + base + disco distanciador (se molde C.B.R.) + disco de papel no fundo do molde (facilita a desmoldagem) + pavimento após nivelamento";

Vmould: Volume do molde utilizado (molde Proctor ou molde C.B.R.).

Traçar a curva Yd = f(w), com as seguintes coordenadas para cada ponto: "Eixo X: teor de água (w em %), eixo Y: densidade seca (Yd em kN/m³)". A partir desta curva, podemos deduzir o teor de água ótimo "wopt" para o qual a densidade seca será máxima "Ydmax".

11.2.2 Ensaios de dureza

Em engenharia civil, a *"dureza"* de um material é definida como a resistência mecânica que um material opõe a acções mecânicas de diferentes tipos. Existe uma grande variedade de testes de dureza possíveis, sendo os mais comuns e conhecidos os testes *"Los Angeles"* e *"Micro Deval"*.

11.2.2.1Teste de condução em Los Angeles

O ensaio de Los Angeles é utilizado para medir a resistência combinada ao impacto e à deterioração progressiva devido ao atrito recíproco dos componentes de um agregado. Este procedimento aplica-se aos agregados utilizados na construção de pavimentos e de betão hidráulico.

11.2.2.1.1 Objetivo do teste

O objetivo do ensaio de Los Angeles, em conformidade com a norma NF P 18-573, é medir a dureza de uma gravilha ou a resistência de uma gravilha à fragmentação. É utilizado para medir a resistência combinada ao impacto e à deterioração progressiva causada pela fricção recíproca entre os componentes de um agregado. Este método aplica-se aos agregados utilizados na construção de pavimentos e de betão hidráulico.

11.2.2.1.2 Princípio do teste

O ensaio é utilizado para determinar a resistência de uma amostra de agregado à fragmentação por impacto. O material altera-se durante o ensaio, por um lado, devido ao impacto das esferas sobre o agregado e, por outro, devido à fricção dos elementos no cilindro da máquina de Los Angeles. Além disso, o ensaio consiste em medir a quantidade de elementos mais pequenos do que 1,6 mm produzidos ao submeter o material a impactos de esferas padrão.

11.2.2.1.3 Equipamento utilizado

Uma balança de precisão em gramas, com uma capacidade de, pelo menos, 10 kg;

Peneiras;

Uma máquina "Los Angeles" com :

• Um cilindro oco de aço com 12 mm ± 0,5 mm de espessura, fechado em ambas as extremidades, com um diâmetro interior de 711 mm ± 1 mm e um comprimento interior de 508 mm ± 1 mm. O cilindro é suportado por dois pinos horizontais fixados nas suas duas paredes laterais;

• Uma abertura de 150 mm de largura ao longo do comprimento do cilindro permite a introdução da amostra;

• A carga é constituída por esferas esféricas com cerca de 47 mm de diâmetro e peso de 420 e 445 g;

• Um motor de pelo menos 0,75 kW, que assegura a rotação regular do tambor da máquina a uma velocidade entre 30 e 33 rpm;

• Um recipiente para recolher os materiais após o ensaio;

• Um contador de rotações do tipo rotativo, que pára automaticamente o motor no número de rotações necessário.

11.2.2.1.4 Modo de funcionamento

A granularidade do material a ensaiar é selecionada de entre as seis classes granulares (4-6,3 mm; 6,3-10 mm; 10-14 mm; 10-25 mm; 16-31,5 mm e 25-50 mm) da granularidade do material, tal como será utilizado;

A massa da amostra de ensaio será de 5000 g ± 5 g ;

Colocação da amostra na máquina, bem como a carga da esfera para a classe granular selecionada (Quadro II.8);

O ensaio é iniciado rodando a máquina 500 vezes a uma velocidade regular entre 30 e 35 rpm;

Retirar o agregado após o ensaio. Recolher os grânulos num tabuleiro colocado debaixo da máquina, tendo o cuidado de colocar a abertura imediatamente acima do tabuleiro para evitar a perda de grânulos;

Peneirar o material contido no contentor no peneiro de 1,6 mm e pesar o rejeitado, ou seja, "m_1", o resultado da pesagem.

Tabela II.8 - Carga relativa das esferas em função da classe granular selecionada.

Classes granulares (mm)	Fracções	Número de bolas	Peso total da carga (g)	Peso das fracções (g)
4 - 6.3	/	7	3080 ± 20	5000 ± 2
6.3 - 10	/	9	3960 ± 25	5000 ± 2
10 - 14	/	11	4840 ± 25	5000 ± 2

10 - 25	10 - 16	11	4840 ± 25	3000
	16 - 25	11	4840 ± 25	2000
16 - 31.5	16 - 25	12	5280 ± 25	2000
	25 - 31.5	12	5280 ± 25	3000
25 - 50	25 - 40	12	5280 ± 25	3000
	40 - 50	12	5280 ± 25	2000

11.2.2.1.5 Cálculo do coeficiente de Los Angeles (LA)

A resistência à fragmentação por impacto do material é designada, por definição, por *"coeficiente de Los Angeles, LA"*, que é expresso pela razão entre a massa dos elementos com menos de 1,6 mm produzidos durante o ensaio "m" e a massa do material sujeito ao ensaio "M", multiplicada por 100. Quanto mais baixo for o coeficiente de Los Angeles "LA", mais resistente é o agregado à fragmentação por impacto. A massa da fração de material que passa no peneiro de 1,6 mm do ensaio "m": m (g) = 5000- m 1.

(%) (Eq. II.14)

11.2.2.1.6 Expressão e interpretação dos resultados

Os valores do coeficiente de Los Angeles indicam a natureza da brita e permitem avaliar a sua qualidade para utilização em betão, como mostra o Quadro II.9.

Tabela II.9 - Tipo de brita em função do coeficiente LA.

Valores do coeficiente de Los Angles	Apreciação
LA < 15	Bom a muito bom
15 < LA < 25	Razoável a bom
25 < LA < 40	*Baixo a* médio
LA > 40	Medíocre "má qualidade

11.2.2.2 Teste Micro-Deval

11.2.2.2.1 Objetivo do teste

O objetivo do ensaio *"Micro-Deval"* é determinar a resistência ao desgaste devido ao atrito recíproco entre os elementos de um agregado. A norma europeia EN 1097-1 é utilizada para determinar o coeficiente de Micro-Deval.

11.2.2.2.2 Princípio do teste

O ensaio consiste em medir (após peneiração) a quantidade de elementos inferiores a 1,6 mm produzidos na máquina Deval por fricção recíproca e impacto moderado dos agregados.

11.2.2.2.3 Equipamento utilizado

A máquina micro-Deval é constituída pelos seguintes componentes:

Um a quatro cilindros ocos, fechados numa das extremidades, com um diâmetro interno de 200 mm ± 1 mm e um comprimento efetivo de 154 mm ± 1 mm para gravilha entre 4 e 14 mm e de 400 mm ± 2 mm para 25-50 mm. Cada cilindro permite a realização de um ensaio;

A carga abrasiva é constituída por esferas esféricas de aço inoxidável com 10 mm ± 0,5 mm de diâmetro;

Um motor (cerca de 1 kW) deve assegurar a rotação dos cilindros a uma velocidade regular de 100 rpm ± 5 rpm;

Deve ser previsto um dispositivo para parar automaticamente o motor no final do ensaio;

Precisamos também de :

Uma balança de precisão em gramas, com uma capacidade de, pelo menos, 10 kg;

Peneiras (peneira de 1,6 mm e peneiras para determinar as classes granulares).

11.2.2.2.4 Modo de funcionamento

A granularidade do material ensaiado é escolhida entre as seis classes granulares (4-6,3 mm; 6,3-10 mm; 10-14 mm; 10-25 mm; 16-31,5 mm e 25-50 mm) da granularidade do material a utilizar. Para os ensaios efectuados em gravilha entre 4 e 14 mm, é utilizada uma carga abrasiva;

A massa da amostra de ensaio será de 500 g ± 2 g para as aparas de 4-14 mm e de 10 kg ± 20 g para os agregados de 25-50 mm;

Colocação da amostra na máquina juntamente com a carga abrasiva (Tabela II.10) que é definida de acordo com a tabela para aparas de 4-14 mm e 10 kg de material para agregados entre 25 e 50 mm (sem a carga abrasiva);

Tabela II.10 - *Carga abrasiva em função da classe granular escolhida.*

Classe granular (mm)	Carga abrasiva (g)
4 - 6.3	2000 - 5
6.3 - 10	4000 - 5
10 - 14	5000 - 5

Adicionar 2,5 L de água para as aparas de 4 a 14 mm e 2,0 L de água para as aparas de 25 a 50 mm; Rodar os cilindros a uma velocidade de 100 rpm ± 5 rpm durante :

*   2 h ou 12.000 rpm para aparas de 4 a 14 mm ;
*   2 h 20 min ou 14.000 rotações para aparas entre 25 e 50 mm.

Recolher o agregado e a carga abrasiva (para as aparas de 4 a 14 mm) num contentor, tendo o cuidado de evitar qualquer perda de elementos;

Peneirar o material contido no contentor num peneiro de 1,6 mm;

Lavar o conjunto sob um jato de água (remover a carga abrasiva com um íman, por exemplo, para gravilha entre 4 e 14 mm);

Secar o rejeitado de 1,6 mm numa estufa a 105 °C até massa constante;

Pesar esta recusa, ou seja, "m1" é o resultado da pesagem.

11.2.2.2.5   Expressão dos resultados

A resistência ao desgaste do agregado é denominada, por definição, *"coeficiente de microdesgaste "MD""*, que é expresso pela relação entre a massa dos elementos menores que 1,6 mm produzidos durante o ensaio "m" e a massa do material submetido ao ensaio "M" multiplicada por 100 (Eq. II.15).

(%) (Eq. II.15)

Nota: A massa da fração de material que passa no peneiro de 1,6 mm é "m":

m (g) = 500- $m1$ para as aparas de 4 a 14 mm ;

m (g) = 10000- $m1$ para as aparas de 25 a 50 mm.

11.2.2.2.6   Interpretação dos resultados

Os valores do coeficiente de Micro-Deval indicam a natureza da brita e permitem avaliar a sua qualidade para utilização em betão, como mostra o quadro seguinte (Quadro II.11).

Tabela II.11 - *Tipo de brita de acordo com o coeficienteMD.*

Valores do coeficiente micro Deval na presença de água	Apreciação
< 10	Muito bom a bom
10 a 20	Bom a médio
20 a 35	Médio a baixo
> 35	Medíocre

11.2.3 Ensaios de capacidade de carga

II.2.3.1 Ensaio C.B.R. (California Bearing Ratio)

II.2.3.1.1 Objetivo do ensaio

O ensaio C.B.R é um ensaio de capacidade de suporte (capacidade dos materiais para suportar cargas) para aterros e sub-bases compactadas de estruturas rodoviárias. O objetivo é determinar experimentalmente os índices de capacidade de carga (I.P.I, C.B.R) que permitem :

estabelecer uma classificação do solo (G.T.R);

avaliar a transitabilidade das máquinas de terraplanagem (I.P.I.);

Determinar a espessura dos pavimentos (C.B.R aumenta $\wedge$ espessura diminui) ou dos aterros.

Concretamente, medimos 3 tipos de índices com base em objectivos fixos:

O *Índice de Suporte Imediato (IBI)*: caracteriza a aptidão do solo para permitir a circulação de máquinas de estaleiro diretamente na sua superfície durante o trabalho (H=0 $\wedge$ sem sobrecargas "S");

Índice CBR imediato (ICBR imediato): Caracteriza a capacidade de suporte de um subsolo compactado (ou componente do pavimento) a diferentes teores de água.

O índice CBR (ICBR): após imersão: Caracteriza a capacidade de suporte de um solo de suporte compactado (ou componente de pavimento) com diferentes teores de água e sujeito a variações no regime hídrico.

II.2.3.1.2 Princípio do ensaio

A carga transportada pelo pneu sobre a superfície da estrada perfura o subleito. Este ponto é tanto menor quanto maior for a espessura do pavimento (Figura II.3).

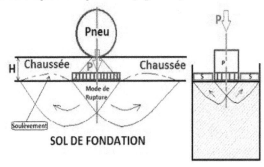

P: pressão exercida pelo pneu no subsolo;

S: sobrecarga que simula a ação do pavimento que se opõe ao deslocamento vertical do subleito durante a ação dos pneus.

Figura II.3 - Ensaio CBR simulando o fenómeno de apontamento numa perseguição rodoviária.

Este fenómeno pode ser reproduzido compactando o material em condições de ensaio Proctor num molde CBR e medindo depois as forças a aplicar a um ponto cilíndrico para o fazer penetrar num tubo de ensaio deste material a uma velocidade constante.

É de notar que o ensaio Proctor deve ser efectuado simultaneamente com o ensaio CBR. A espessura de uma faixa de rodagem depende do tráfego previsto e das cargas por eixo, do solo subjacente e das futuras condições hídricas a que a estrada estará sujeita. São aplicadas as condições hídricas previstas durante a vida da estrutura:

Ensaio de *"imersão"* durante 4 dias em água;

Teste sem *"imersão"*: teste imediato.

Aplica-se então uma carga próxima daquela que será a carga de serviço e perfura-se o material em condições especificadas (velocidade constante e especificada) enquanto se medem as *"forças (F)"* e os *"deslocamentos (h)"*, resultando na seguinte curva de ensaio (Figura II.4). Sabendo que: "P =F/S" e "S" é a área do ponto.

Nota:

• A norma NF P 94-078 apresenta o índice IPI em função das cargas aplicadas e não das tensões;

• Estes resultados são depois comparados com os obtidos num solo de referência (resíduos triturados) (curva ETALON).

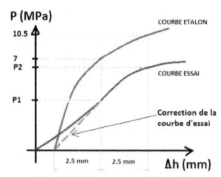

Figura II.4 - Curva contraste-deformação.

11.2.3.1.3 Equipamento utilizado

O material à disposição é uma mistura [Argila (15%) + Areia 0/5 (55%) + Cascalho 8/12 (30%)] seca ao ar ou em estufa (a mistura à disposição deve ser homogeneizada);
Molde CBR ;
Uma escala.

II.2.3.1.4 Método de funcionamento

Antes de introduzir o material no molde :
Solidificar a placa de base e o molde CBR (Figura II. 5);
Colocar uma folha de papel de filtro no fundo do molde;
Pesar o conjunto *"molde + placa de base"* quando vazio;
Determinar o volume que será ocupado pela amostra de solo depois de compactada;
Fixar a soleira.
Nota: no caso de um ensaio IPI, o disco distanciador não é utilizado.

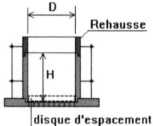

Figura II. 5 - Preparação do molde.

a)- Método de fabrico

Divida o seu тёlапде em partes iguais de cerca de 7 kg ;
Espalhe e humedeça cada parte da sua amostra até ao teor de água com que pretende realizar o ensaio e, em seguida, misture à mão para tornar a mistura tão homogénea quanto possível;
Nota: As quantidades aproximadas de materiais a introduzir por camada são as seguintes (quadro II.12):

Quadro II.12 - Quantidades aproximadas de materiais a introduzir por camada.

Molde	Ensaio Proctor Modificado (PM), (5 camadas)
Proctor	400 g
RBC	1400 g

A quantidade correspondente de material é introduzida no molde CBR e compactada de acordo com as

44

condições do ensaio Proctor modificado (ver página 11 da norma NF P 94-093);
Retirar o suporte e achatar cuidadosamente o tubo de ensaio (do centro para fora);
Pesar o conjunto "*molde + placa de base + tubo de ensaio de solo*" até ao grama mais próximo;
Retirar a placa de base, virar o molde ao contrário e voltar a colocar a placa de base;
Retirar a folha de papel de filtro;
A peça de teste está então pronta para o teste de perfuração (Figura IV.6).

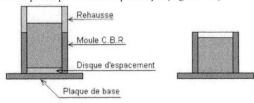

1- Compactage   **2- Retournement**

Figura II. 6 - Tubo de ensaio depois de preparado.

b)- Determinação do índice de suporte imediato (IPI)
Colocar o conjunto "placa de base, molde CBR e provete" na prensa, centrado em relação ao pistão;
Antes de apertar, mover a parte superior do tubo de ensaio em direção ao pistão até ficar nivelada com
o material *(parar assim que a agulha no anel se mover ligeiramente);*
Ajustar a regulação do zero do dinamómetro e do comparador que mede a penetração do punho;
Punho a bombear a uma velocidade constante;
Registar as forças de punção correspondentes a indentações de 0,625, 1,25, 2, 2,5, 5, 7,5 e 10 mm e
parar a punção neste valor (Quadro II.13);

Tabela II.13 - Resultados de punçoamento correspondentes às diferentes depressões.

t (mn)	0.5	1	1.5	2	4	6	8
Ah (mm)	0.625	1.25	2	2.5	5	7.5	10
F (kN)							
6 (MPa)							

Medir o teor de água na vizinhança da zona perfurada imediatamente após o ensaio (pelo menos 2
amostras à esquerda e à direita);
Efetuar pelo menos 4 ensaios IPI com w = 0%, 4%, 8% e 12%.
c) - Análise da medição
Traçar os valores de punção medidos para as indentações planeadas num gráfico *esforço-deformação*
(Nota: Se a curva apresentar uma concavidade ascendente no arranque, a origem da escala de
indentação deve ser corrigida) (Figura II.7);

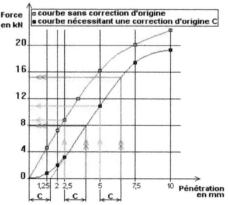

Figura II. 7 - Curva esforço-treino.

Determinar o índice IPI em conformidade com a norma;
Determinar o teor de água de compactação e a densidade seca $_{pa}$ (em t/m)$.^{3}$

11.2.3.1.5 Expressão e interpretação dos resultados

Traça-se a curva de Proctor pd = f(w%) ? Compare as duas curvas e calcule o Sr (%) para cada ensaio;
É traçada a curva IPI = f(w%);
As duas curvas de saturação Sr = 100% e Sr = 80% são traçadas de acordo com a
padrão (Figura II.8).

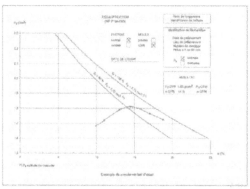

FiguraII.8 - Exemplo de um relatório de ensaio.

Determinamos $_{crpt}$ e $_{pdmax}$ (a partir do ensaio Proctor) e também $_w$ "$_{pi}$ e $_{IPImax}$ (a partir do ensaio CBR);
A sensibilidade do material à água é avaliada;
Classificação do solo estudado de acordo com o GTR.
Se este material se destinar a ser utilizado como aterro rodoviário, a sua capacidade de suportar o
tráfego de máquinas de construção deve ser avaliada de acordo com a seguinte fórmula (Eq. II.16) :

$$I_{CBR} = Max \left(\frac{P_1}{7} \; ; \; \frac{P_2}{10.5} \right) * 100 \qquad (\%) \qquad (Eq. \; II.16)$$

Ou :

$_{ICBR}$: Índice C.B.R em (%) ;
$_{Pi}$: pressão correspondente à pressão de 2,5 cm no provete em (kN) ;
$_{P2}$: pressão correspondente a uma indentação de 5 cm no provete, em (kN).

46

II.2.3.2 Ensaio de placa

As obras de terraplenagem e as plataformas de drenagem abrangidas por este ensaio são as construções de infra-estruturas rodoviárias, ferroviárias e aeroportuárias, etc. Para realizar o ensaio, é necessária uma massa de reação superior a oito "8" toneladas. O ensaio é efectuado através de dois ciclos de carga sucessivos. O objetivo do ensaio de placa "EV2" é medir a forma como um pavimento ou plataforma se deforma sob a aplicação de uma carga pesada. Este método é normalizado e refere-se à norma NF P 94-117-1. Para que este ensaio possa ser efectuado, é necessário garantir que o maior diâmetro dos agregados que constituem a plataforma não exceda 200 mm.

11.2.3.2.1   Objetivo do teste

O ensaio de placa é utilizado para calcular o *"módulo sob carga estática* de *placa, EV2"* de uma plataforma. O ensaio de placa é utilizado para avaliar a deformabilidade de um solo devido ao efeito de assentamento sob a placa carregada.

11.2.3.2.2   Princípio do teste

O princípio do ensaio é simples. A deformação do solo é medida não no ponto onde ocorre (a zona de deformação real), mas num ponto de medição remoto. Para tal, utilizamos uma viga reta articulada que forma uma linha de deformação e gira em torno de um eixo fixo. Quando o dispositivo está descarregado, ou seja, quando a zona de solo a ensaiar não está sujeita a qualquer carga (Figura II.9), a linha de transferência de deformação confunde-se com a linha de referência. Este facto é normal. Sem carga aplicada à placa, a deformação do solo sob a placa que aplica a carga é zero, como mostra o diagrama abaixo.

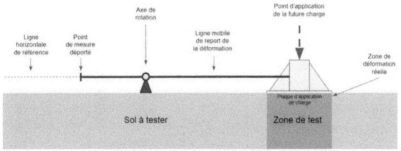

Figura II.9 - Dispositivo de medição em vazio.

Quando o dispositivo é carregado (Figura II.10), ou seja, quando é aplicada uma carga pesada à placa de carga (1), o solo afunda-se sob a placa (2). A linha móvel (3) gira então em torno do seu eixo e a extremidade livre no ponto de medição (4) desloca-se para cima. A quantidade de elevação pode ser medida e a quantidade de afundamento sob a placa pode ser deduzida, como mostrado no diagrama abaixo.

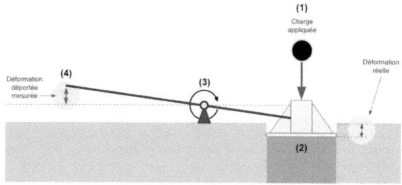

Figura II.10 - Aparelho de medição em carga.

11.2.3.2.3   Equipamento utilizado

A viga Benkelman é composta por (Figura II.11): Um *"macaco"*, que é suportado sob a massa de reação (camião carregado). Este macaco está equipado com uma bomba hidráulica que é utilizada para carregar o sistema;

Normalmente, a bomba possui um *manómetro* para verificar a carga aplicada;

Uma *"placa"*, utilizada para aplicar a carga da massa de reação a uma superfície conhecida e uniforme

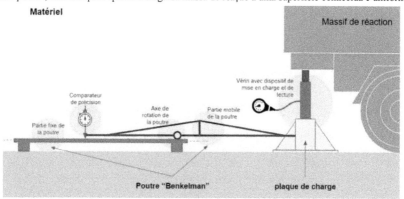

Figura II.11 - Dispositivo de medição constituído por uma viga Benkelman e um bloco de reação.

Um *"ponto"* no interior da placa é utilizado para verificar se não é a placa que se está a deformar;

Uma *"peça móvel"*, que constitui a ligação entre a *"placa"* e o *"comparador"*. Quando a placa é pressionada, o feixe roda em torno de um *"eixo de rotação"*;

Uma *"parte fixa"*, apoiada na plataforma, que serve de suporte ao *"comparador"*. Esta peça está ligada à *"peça móvel"* através de um *"eixo de rotação"*.

Um *"comparador de precisão"*, colocado na extremidade da viga, é utilizado para medir a deflexão do solo sob o impulso do macaco. Por outras palavras, o comparador mede o afundamento (variação da distância) do solo sob o efeito da carga aplicada.

11.2.3.2.4   Modo de funcionamento

Para realizar este ensaio, são efectuados dois ciclos de carga a uma velocidade constante (80 daN/s) numa placa rígida com 60 cm de diâmetro. Os resultados são calculados no local e depois levados para um escritório para traçar um gráfico do ensaio. Antes da instalação da placa, é espalhada uma fina camada de areia por baixo da placa. A areia assegura que a carga é aplicada em toda a superfície da

48

placa. O cilindro de 200 kN, levantando o bloco de reação (6x4), executa dois ciclos de carga sucessivos:

1er ciclo de carga (F=7068 daN): A pressão é aumentada de 0 a 0,25 MPa, depois mantida até à estabilização da deformação (<0,02mm/15 seg.). Medimos então a indentação Z0 em mm e descarregamos (baixamos a pressão para zero "0").

2ème cycle de loading (F=5645 daN): Carregar de 0 a 0,20 MPa e aguardar a estabilização da deformação (< 0,02 mm/15 seg.) Medir a indentação "Z2" em mm e descarregar (baixar a pressão para zero "0"). O valor registado é o da segunda carga "Z2".

11.2.3.2.5 Expressão dos resultados

Os dois ciclos de carga aplicados à plataforma estudada permitem traçar a curva pressão/deformação (Figura II.12).

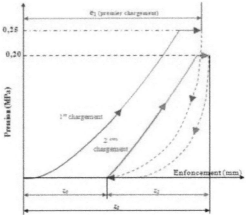

Figura II.12 - *Deformação da placa em função das duas pressões aplicadas.*

O módulo de deformação na placa da plataforma no ponto de auscultação é determinado a partir da seguinte fórmula de Boussinesq (Eq. II.17):

$$EV_2 = \frac{\pi}{4} * (1 - v^2) * \frac{P*d}{Z_2} \qquad \text{(MPa)} \qquad \text{(Eq. II.17)}$$

Ou :

d : Diâmetro da placa em (mm) ;

P: Pressão média efectiva aplicada ao solo em (MPa) ;

EV_2 : Módulo de deformação estático em (MPa) ;

u : Coeficiente de peixe (sem unidade) ;

Z2: Depressão da placa causada por 2ème carregamento em (mm).

Se igualarmos a expressão $(1 - v^2)$ ao valor de 1, obtemos aproximadamente a seguinte fórmula (Eq. II.18):

$$EV_2 = \frac{90}{Z_2} \qquad \text{(MPa)} \qquad \text{(Eq. II.18)}$$

Segundo a LCTP (1973), para o primeiro carregamento a *"0,25 MPa"*, o valor do módulo *"EVi"* caracteriza a deformabilidade do aterro no seu estado de compactação. Admitindo um valor para o coeficiente de peixe de *"v = 0,25"*, a sua expressão é dada pela seguinte fórmula (Eq. II. 19):

$$EV_1 = \frac{112.5}{e_1} \qquad \text{(MPa)} \qquad \text{(Eq. II.19)}$$

49

II.2.3.2.6 Interpretação dos resultados

O módulo *"EV2"* permite avaliar a evolução da deformabilidade durante os carregamentos sucessivos. De facto, de acordo com o GTR (1992), a capacidade de suporte mínima da sub-base antes da aplicação de sub-bases e pavimentos é dada no Quadro II.14.

Quadro II.14 - Capacidade de suporte mínima do solo portante em função de "EV2" (GTR 1992).

Tipo de camada a aplicar ao substrato	EV2 (MPa)
Camada moldada em materiais ordenhados	> 35
Sub-base em material não tratado	> 15 a 20
Camadas de pavimento	> 50

No entanto, um valor baixo de *"EV1"* pode dever-se a uma compactação insuficiente ou a um material compactado com um teor de água muito elevado. O rácio *"k = EV2/EV1"* é utilizado para avaliar a qualidade da compactação. Quanto mais baixo for o rácio *"k = EV2/EV1"*, melhor será a compactação (Quadro II.15).

Quadro II.15 - Características dos materiais de suporte das fundações (LCPC-COPREC 1980).

Classe de materiais	EV2 (MPa)	EV2/EV1
D	> 100	< 2.5
A e B	> 50	< 2

Note-se que o rácio *"k = EV2 / EVi"* é utilizado para avaliar a qualidade da compactação da seguinte forma:

Se *"EV2 /EVi < 2"*, a compactação é boa;

Se *"EV2 /EVi < 1,2"*, a compactação é muito boa.

Um valor do módulo de Young que pode ser utilizado diretamente num esquema de dimensionamento racional pode ser deduzido do valor CBR selecionado. Foram propostas várias abordagens:

Fórmula de Geoffroy e Bachelet (Eq. II.20) :

$$E = 6.5 * CBR^{0.65} \quad \text{(GPa)} \quad \text{(Eq. II.20)}$$

Fórmula proposta por SHELL (Eq. II.21) :

$$E = 10 * CBR \quad \text{(GPa)} \quad \text{(Eq. II.21)}$$

Fórmula utilizada pelo LCPC (Eq. II.22) :

$$E = 5 * CBR \quad \text{(GPa)} \quad \text{(Eq. II.22)}$$

II.3 Conclusão

A maior parte dos principais ensaios de identificação dos materiais utilizados nas estruturas dos pavimentos rodoviários foi descrita neste capítulo. Neste último capítulo, apresentam-se os vários ensaios de formulação e os materiais utilizados na formulação do betão betuminoso.

CAPÍTULO III

FORMULAÇÃO DO BETÃO BETUMINOSO

III.1 Introdução

Os pavimentos rodoviários estão permanentemente sujeitos a tensões mecânicas e térmicas combinadas com fenómenos químicos que, dependendo do nível de tensão, contribuirão mais ou menos rapidamente para a degradação do pavimento (Perret et al. 2000). Estes elementos, responsáveis pela degradação, têm origem em:

Tensões do tráfego: principalmente os efeitos dinâmicos dos veículos pesados de mercadorias que passam por cima, os efeitos estáticos do abrandamento do tráfego e o atrito pneu/superfície da estrada;

Tensões climáticas: provocam variações de temperatura no interior das misturas betuminosas. Estas variações podem ser de curto prazo (diárias) ou de longo prazo (sazonais);

Fenómenos químicos: devidos à oxidação natural dos aglutinantes de hidrocarbonetos, à ação dos sais de degelo provenientes da manutenção invernal e aos danos causados à superfície do pavimento pela radiação solar.

Estas diferentes acções, que actuam simultaneamente sobre a superfície betuminosa, conduzem, nomeadamente, à deterioração habitualmente observada (VSS SN 640 925a 1997):

Fissuras superficiais sob a forma de fissuras isoladas ou, nos casos mais graves, sob a forma de fissuras generalizadas;

Deformação permanente (ou cio) resultante da acumulação de deformações irreversíveis;

Degradação da superfície sob a forma de polimento de agregados, decapagem e perda de lascas, descamação e buracos.

Consequentemente, a necessidade de melhorar ou otimizar a durabilidade dos pavimentos rodoviários, tanto na conceção de novos pavimentos como na manutenção dos existentes, é uma grande preocupação para os gestores da rede rodoviária. Nesta perspetiva, é essencial avaliar o desempenho a longo prazo das misturas betuminosas através de ensaios laboratoriais pertinentes. As novas configurações de carga dos veículos pesados de mercadorias alteraram significativamente as tensões exercidas sobre os pavimentos rodoviários, provocando a deterioração prematura de faixas de rodagem que anteriormente apresentavam um comportamento normal e cujos materiais cumpriam as especificações em vigor. Em particular, os pavimentos rodoviários estão a sofrer com a substituição gradual das rodas duplas dos veículos pesados de mercadorias por pneus super-largos (300 a 500 mm de largura), com pressões de enchimento geralmente mais elevadas. Estas constatações evidenciaram que alguns dos ensaios atualmente utilizados não são, ou já não são, adequados para avaliar o comportamento das misturas betuminosas e devem ser substituídos.

Os componentes e as misturas devem, portanto, ser caracterizados através de ensaios laboratoriais que permitam avaliar o desempenho a longo prazo das misturas betuminosas, com vista a otimizar a sua vida útil. A conceção da mistura é um fator decisivo para a obtenção de misturas betuminosas de elevado desempenho. A composição das misturas betuminosas tem uma influência decisiva na durabilidade e no desempenho dos pavimentos.

Até à data, a otimização das fórmulas das misturas betuminosas continua a basear-se numa abordagem empírica, recorrendo a ensaios tradicionais que, muitas vezes, apresentam pouca correlação com o desempenho real dos materiais. Para satisfazer os critérios de durabilidade dos revestimentos rodoviários, será necessário selecionar uma gama de ensaios que permita avaliar satisfatoriamente o desempenho das misturas betuminosas utilizadas nos pavimentos.

III.2 Betume

III.2.1 Definição

O betão betuminoso é um revestimento rico em betume, constituído por uma mistura de agregados (areia, cascalho e finos), utilizado principalmente nas camadas de desgaste, ou seja, nas camadas superiores do pavimento rodoviário. O betão betuminoso é classificado de acordo com a sua gradação. São sempre colocados sobre uma camada de base de materiais hidrocarbonetos ou tratados com

ligante hidráulico, ou sobre uma camada de ligante de mistura asfáltica para camadas finas (Figura III.1). Mais precisamente, o betão betuminoso é composto por diferentes elementos, nomeadamente :
Cascalho ;
Areia ;
Enchimentos ;
Betume utilizado como aglutinante.

Bitume   *Granulats*   *Enrobé*
Betume Agregados Asfalto
Figura III.1 - *Composição de uma mistura betuminosa utilizada principalmente em camadas de desgaste.*

111.2.2 Origem e fabrico

Todos os betumes são produtos do petróleo bruto, onde se encontram em solução. São o resultado da eliminação dos óleos utilizados como solventes por evaporação ou destilação do petróleo bruto. Dado que estes processos podem ocorrer na natureza, em camadas subterrâneas, o betume tem duas origens: natural ou industrial.

Origem natural: A produção mundial é muito baixa, não ultrapassando as 200 mil toneladas;

Origem industrial: é constituída por duas partes (Figura III.2):

• *Destilação direta"*: Destilação atmosférica: Este método de refinação consiste em aquecer continuamente o petróleo bruto, previamente decantado e dessalinizado, fazendo-o passar por um forno. Este petróleo bruto, 75 aquecida a cerca de 340°C, é enviada para uma coluna de fracionamento mantida à pressão atmosférica. O produto recuperado no fundo da torre é o crude reduzido;

• *Destilação sob vácuo"*: Nesta fase, o crude reduzido da destilação atmosférica é aquecido a cerca de 400°C e depois introduzido numa coluna sob pressão reduzida. Com este tipo de unidade, é possível produzir diretamente todos os tipos de betume, de 20/30 a 160/220.

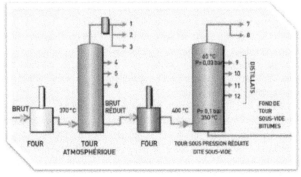

1. Gaz	5. Carburateur	9. Gasoil sous –vide
2. Essence légère	6. Gasoil	10. 1ᵉʳ Sous -vide
3. Essence	7. Vers éjecteurs de vapeur	11. 2ᵉ Sous -vide
4. White-spirit	8. Gasoil entraîné	12. 3ᵉ Sous -vide

Figura III.2 - *Produção de betume por refinação de petróleo.*

52

111.2.3 Propriedades mecânicas e reológicas do betume

O betume confere ao asfalto a sua flexibilidade e a sua capacidade de resistir a certas degradações causadas por diversos factores, como o tráfego, as condições climáticas do local, etc. A temperaturas de serviço elevadas, o betume deve manter-se suficientemente viscoso para evitar a formação de sulcos. Inversamente, a baixas temperaturas, o betume deve conservar uma certa elasticidade para evitar a fissuração por retração térmica e a fragilização do asfalto. A temperaturas intermédias, deve ser resistente à fadiga sob o efeito do tráfego repetido. Para caraterizar o betume destinado à formulação de misturas betuminosas para camadas de desgaste, podem ser efectuados dois ensaios: :
Ensaio de penetração de agulhas (NF T66-004) ;
Ensaio do ponto de amolecimento de esferas e anéis (NF T66-008).

111.2.4 Diferentes tipos de betão betuminoso

Existem muitos tipos diferentes de *betão betuminoso,* cada um com as suas características e utilizações próprias. A escolha do betão betuminoso depende do clima da região, que deve ser tido em conta na seleção do futuro revestimento, porque :
O betume utilizado pode amolecer se o calor for demasiado elevado;
O betão pode endurecer a uma temperatura demasiado baixa;
A chuva ou a neve forte são também critérios a ter em conta, uma vez que a BB pode congelar e favorecer a formação de gelo negro.

111.2.4.1 Betão asfáltico fino (BBM*)*

Tem uma classificação de 0/10 ou 0/14. Este betão betuminoso é facilmente compactado e é perfeitamente impermeável. Utilizado principalmente em parques de estacionamento e pavimentos, a sua espessura varia de 2,5 a 5 cm.

111.2.4.2 Betão betuminoso muito fino (BBTM)

Este é, sem dúvida, o revestimento mais interessante em termos de relação qualidade/preço. Tem uma vida útil muito boa e é fácil de aplicar. Qualquer que seja a classificação (0/10 ou 0/6), o BBTM tem uma espessura de 1,5 a 3 cm.

111.2.4.3 Betão betuminoso ultrafino (BBUM)

Foi concebido para percursos de desgaste, ou seja, em contacto direto com os pneus dos veículos, o que o torna ideal para utilização em parques de estacionamento, por exemplo. A sua espessura varia de 1 a 1,5 cm.

111.2.4.4 Betão betuminoso flexível (BBS)

Como o seu nome indica, este betão é fabricado a partir de um betume suficientemente macio para produzir um revestimento deformável. No entanto, tem uma baixa resistência ao desgaste.

111.2.4.5 Drenagem de betão betuminoso "BBDr

A principal vantagem deste tipo de asfalto é a sua excelente aderência, quer esteja a chover ou a fazer calor. Reduz igualmente o ruído de rolamento. Por isso, é perfeitamente adequado para os caminhos de jardim.

111.2.4.6 Betão betuminoso semi-granulado (BBSG)

É o betão betuminoso de referência. Responde a um vasto leque de necessidades (pavimentos, entradas de garagem, etc.) e é muito adaptado ao tráfego médio e pesado. A sua espessura varia de 3 a 9 cm, consoante a classificação.

111.2.4.7 Betão betuminoso de elevado módulo de elasticidade (BBME)

Este betão betuminoso é um asfalto estrutural. Tem uma excelente rigidez, uma longa vida útil e uma boa resistência aos sulcos. A sua espessura pode variar de 4 a 9 cm por camada.

III.2.5 Compactação do betão betuminoso

111.2.5.1 Pré-compactação de misturas betuminosas

A pré-compactação é obtida através da vibração vertical do tamper ou da mesa, ou de uma combinação de ambos.
A pré-compactação é obtida através da combinação destes dois elementos. As pavimentadoras com

uma mesa ou um compactador vibratório podem atingir uma taxa de compactação de 80 a 85%, enquanto as pavimentadoras com uma mesa e um compactador vibratório podem atingir uma taxa de compactação mais elevada, dependendo da composição da mistura e da velocidade de avanço. O calcador vibratório deve ser posicionado em toda a largura da mesa, ligeiramente abaixo do nível da mesa. Se o calcador se deslocar demasiado curto, será ineficaz, mas se se deslocar demasiado longo, pode causar rasgões na superfície.

A frequência de vibração deve ser adaptada à composição da mistura de asfalto e à espessura da camada; se a camada for fina, a frequência deve ser limitada. Uma pré-compactação elevada e uniforme é importante para a regularidade final. A mesa deve ser completamente pré-aquecida antes de espalhar a mistura. Este pré-aquecimento, que deve ser uniforme, é mais demorado nas camadas superficiais. O sobreaquecimento local da betonilha pode provocar a deformação da mesma, resultando em irregularidades no perfil.

111.2.5.2 Compactação de asfalto de mistura quente
É necessário verificar a planura e a inclinação transversal da superfície por detrás da mesa. A fase de compactação tem por objetivo aumentar a densidade das camadas de asfalto espalhadas para melhorar a sua resistência, mantendo as características superficiais de regularidade e de aderência necessárias à segurança e ao conforto, conferindo assim ao material características definitivas que serão diretamente perceptíveis pelos utilizadores. Uma boa compactação garante :
Melhoria da resistência à fluência;
Resistência melhorada à fadiga e, consequentemente, uma vida mais longa;
Boa planicidade da superfície e rugosidade adequada.

Atualmente, a compactação é efectuada de forma estática nos nossos estaleiros, utilizando principalmente um compactador pneumático. Os resultados dos ensaios experimentais efectuados principalmente no contexto argelino levaram à introdução da compactação dinâmica (compactador vibratório). Nesta fase do trabalho, é necessário desenvolver os quatro pontos importantes seguintes:
O equipamento de compactação e as suas características ;
O campo de utilização dos compactadores ;
Medidas a tomar relativamente aos parâmetros que influenciam a compactação;
Tipos de oficinas de compactação.

111.2.5.3 Equipamento de compactação de misturas
O compactador é nada mais nada menos do que um rolo compressor, indispensável para as obras rodoviárias. A sua função é compactar e nivelar o asfalto sobre o solo. A compactação começa geralmente nas juntas e no bordo da faixa de rodagem. Uma outra passagem permite compactar e prensar o pavimento. Na maioria dos casos, quanto melhor for a compactação, melhor será o desempenho. Os pavimentos rodoviários são basicamente constituídos por materiais sólidos, como agregados e areia, materiais líquidos, como betume e emulsão, e ar. A compactação estabiliza o solo ao reunir e compactar os materiais, mas também ao expulsar o ar. A compactação é, portanto, uma operação final e delicada no estaleiro. É uma fase decisiva em termos de durabilidade do pavimento, devido à compactação obtida, mas também em termos de qualidade da superfície, em termos de regularidade e de textura. As principais máquinas utilizadas na produção de betão betuminoso (camada de desgaste) são apresentadas na Figura 111.3.

Compactador pneumático   Alimentador de pavimentadoras de asfalto

Pavimentadora de asfalto   Rolo compactador liso
Figura III.3 - *Máquinas utilizadas na produção de betão betuminoso.*

Os compactadores são classificados em quatro tipos:

Compactadores de pneus para materiais de revestimento": são geralmente bastante móveis (velocidades entre 3 e 6 km/h) e são frequentemente escolhidos para solos arenosos ou argilosos, se puderem fazer praticamente tudo: terraplanagens, pavimentos, misturas de asfalto, etc;

Compactadores estáticos de pedal": são utilizados principalmente em grandes obras de terraplenagem (velocidades entre 6 e 12 km/h);

Compactadores estáticos com cilindros lisos": são reservados para compactar asfalto com menos de 4 cm, ou seja, asfalto muito fino;

Compactadores vibratórios com rolos lisos ou pés de compactação": podem ser utilizados na maior parte das aplicações, nomeadamente na colocação de asfalto ou de materiais flutuantes ou espessos (velocidades de 3 a 12 km/h).

O material compactado é levado a uma percentagem de vazios que permite obter o desempenho desejado, utilizando um dos seguintes métodos de compactação ou uma combinação de alguns deles.

A "compactação por compressão" é definida pelo efeito da pressão de contacto da roda com o material de superfície;

A "compactação por compactação" é definida pelo efeito da carga da roda na parte inferior da camada;

A "compactação por vibração" é definida pelo efeito da vibração do cilindro, garantindo a compactação por rearranjo dos grãos.

III.3 Métodos de formulação do betão betuminoso

Até à data, não foi desenvolvido nenhum método universal totalmente isento de empirismo, o que levou os investigadores a desenvolverem vários métodos de formulação, a partir dos quais já se registaram enormes progressos.

111.3.1 Objetivo principal da formulação

O principal objetivo da conceção da mistura é determinar uma composição óptima de *"agregados"*, *"ligantes"* e *"vazios"* que permita atingir os seguintes *"desempenhos"*, nomeadamente :

O módulo complexo E^* ;

Resistência à fadiga mecânica ;

Resistência à deformação permanente ;

55

Resistência ao stress térmico ;
Resistência à fissuração por retração hidráulica.
Outros desempenhos não mecânicos devem ser considerados para caraterizar o desempenho dos pavimentos:
Adesão ;
Resistência ao rasgamento ;
Envelhecimento ;
Suscetibilidade hidráulica.

111.3.2 Método Hveem
Os principais conceitos subjacentes a este método foram estabelecidos por *Francis N. Hveem*, um engenheiro do *Departamento de Transportes da Califórnia (CDT)*, na década de 1930. Este método foi posteriormente objeto de vários melhoramentos até se tornar o método oficial do CDT (Asphalt Institute 1997). O processo de formulação pode ser definido em várias fases:

111.3.2.1   Escolha de materiais
Esta escolha deve estar em conformidade com o caderno de encargos do projeto. Os materiais devem corresponder às características físicas e químicas definidas no caderno de encargos.

111.3.2.2   Seleção da curva de distribuição do tamanho das partículas
A combinação das diferentes dimensões dos agregados deve permitir obter uma curva granulométrica tão próxima quanto possível da curva de referência indicada no caderno de encargos.

111.3.2.3   Determinação do teor aproximado de aglutinante
Esta estimativa baseia-se em dois ensaios específicos deste método: o Centrifuge *Kerosene Equivalent (CKE)* e a *Capacidade de Superfície*. Com base nestes ensaios e na densidade real dos finos e pedras, podem ser utilizados gráficos específicos para estimar o *"teor ótimo de ligante"*.

111.3.2.4   Preparação de amostras
As amostras são fabricadas de acordo com um procedimento normalizado e em moldes normalizados. A compactação é efectuada utilizando um compactador mecânico com um método também normalizado. Deve ser preparada uma amostra com o teor de ligante obtido anteriormente, duas com teores de ligante inferiores *"-0,5% e -1,0%"* e uma com um teor de ligante superior *"+0,5%"*.

111.3.2.5   Testes de estabilidade e de penetração
Uma vez compactadas, as amostras são submetidas a estes dois ensaios. O equipamento utilizado para o *"ensaio de estabilidade"* é específico do *"método Hveem"*; os valores mínimos de estabilidade são fixados em função do tráfego. O *ensaio de penetração do corante* é mais qualitativo.

111.3.2.6   Seleção do teor ideal de aglutinante
O teor ótimo de ligante é o teor máximo de ligante para o qual a amostra satisfaz as condições mínimas de estabilidade, não apresenta sangramento significativo e o teor de ligante é de, pelo menos, 4%. Se este valor for o do teor máximo de ligante preparado (estimativa de +0,5%), deve ser preparada uma amostra adicional com um teor de ligante +0,5% superior e o procedimento deve ser repetido.

111.3.3 Design de mistura Marshall
Os primeiros conceitos deste método foram desenvolvidos por Bruce Marshall no final dos anos 30, tendo sido depois revistos e melhorados pelo exército *americano*. Este método, recomendado pelas normas VSS na Suíça, tem como objetivo escolher o teor de ligante, para uma determinada densidade de mistura, que satisfaça uma estabilidade mínima e uma fluência que evolua dentro de um intervalo de aceitação (Asphalt Institute 1997). O processo de formulação pode ser resumido em seis etapas distintas:

111.3.3.1   Escolha dos agregados
Os agregados são seleccionados de acordo com as suas características físicas (dureza, limpeza, forma, etc.). Uma vez efectuada esta escolha, determina-se a sua granulometria e densidade e, em seguida, seleccionam-se os vários agregados necessários para obter a curva granulométrica de referência.

111.3.3.2   A escolha da pasta

Como este método não dispõe de um procedimento normalizado de seleção e de avaliação, a escolha é deixada ao engenheiro, que deve efetuar os ensaios que considerar necessários.

111.3.3.3   Preparação de amostras

As amostras são feitas em moldes normalizados. Normalmente, são preparadas cinco misturas "5" com diferentes teores de ligante e, para cada mistura, são recolhidas três amostras. As amostras são depois compactadas com um martelo em dimensões normalizadas e de acordo com regras precisas.

111.3.3.4   Determinação da estabilidade e da fluência

Uma vez compactadas, as amostras são submetidas a um ensaio de estabilidade e de fluência. A estabilidade é a força máxima que a amostra pode suportar e a fluência é a deformação plástica resultante. Estes dois valores são, de certa forma, medidas que nos permitem prever o desempenho do revestimento.

111.3.3.5   Cálculo da densidade e dos vazios

A densidade e os vazios (vazios na mistura, vazios no esqueleto mineral, vazios preenchidos pelo betume) são utilizados para caraterizar a mistura.

111.3.3.6   Seleção do teor ideal de aglutinante

Esta escolha depende da combinação dos resultados relativos à estabilidade e fluência, vazios e densidade. Assim, são traçados seis gráficos "6" que representam a evolução da percentagem de vazios, da massa volúmica, da fluência, da estabilidade, dos vazios no esqueleto mineral "VMA" e dos vazios preenchidos por betume "VFA" em função do teor de ligante. A escolha da percentagem de vazios na mistura permite, por um lado, obter o teor ótimo de ligante e, por outro lado, verificar se este teor de ligante satisfaz as exigências dos outros parâmetros. Estas duas acções são realizadas graficamente através das curvas obtidas a partir dos ensaios das amostras.

111.3.4 SUPERPAVE Mix Design" Método americano

Este método de formulação foi desenvolvido nos Estados Unidos para substituir o método Marshall. É largamente utilizado no terreno. Em 2000, 62% da produção total, em toneladas, de revestimentos betuminosos foi efectuada por este método. No âmbito do *Strategic Highway Research* Program *(SHRP)*, cujos objectivos eram melhorar a escolha dos materiais e a formulação das misturas betuminosas, foi desenvolvido um novo método de formulação no início dos anos 90: o método SUPERPAVE *Superior Performing Asphalt Pavement* (WTFTCR 2001). O método de conceção da mistura *SUPERPAVE* baseia-se no conceito de trabalhabilidade durante a colocação e no desempenho do asfalto ao longo do tempo. Pode ser dividido em quatro fases (Asphalt Institute 2001):

111.3.4.1   Escolha dos agregados

Esta escolha baseia-se em três critérios diferentes. A curva granulométrica, que deve situar-se entre dois limites e passar por pontos fixos. Propriedades *de consenso*: angularidade, forma e equivalente de areia. *Propriedades de* origem: dureza, ruído e limpeza.

111.3.4.2   A escolha da pasta

Esta escolha depende não só das características físicas do ligante (penetração, viscosidade, etc.), mas também das condições climáticas e do tipo de tráfego. Existe um sistema de *classificação do desempenho dos* ligantes *(PG)"*, que é função da temperatura máxima e mínima do pavimento e das condições de tráfego. A determinação destes três parâmetros, combinada com a fiabilidade mínima do resultado da *"conceção da fiabilidade",* permite definir o *grau* mínimo *de* ligante a utilizar.

111.3.4.3   Seleção do teor ideal de aglutinante

As amostras foram produzidas com quatro teores de ligante diferentes (variação de ±0,5%) e sujeitas a compactação no *Superpave "Gyratory Compactor: PCG"* ou *"gyratory shear press"*. A densidade máxima teórica da mistura é representada graficamente em função do número de giros para as quatro amostras. Em seguida, determinamos graficamente o teor de ligante que satisfaz a percentagem de vazios desejada e o número de giros necessários para o obter. O número de giros é definido pelas condições de tráfego.

57

111.3.4.4 Teste de desempenho

Esta última etapa, ainda em desenvolvimento, normalizará os ensaios a efetuar para determinar as características mecânicas das misturas, nomeadamente o *"módulo dinâmico"*, o *"tempo de escoamento"* e o *"número de escoamento"* (Bonaquist et al. 2003).

111.3.5 Método Francês

Este método (utilizado na Argélia) baseia-se em dois princípios principais. O primeiro é a determinação da quantidade mínima de ligante em função da granulometria da mistura. O segundo é a utilização da prensa giratória de cisalhamento para estimar o comportamento da mistura durante a compactação.

III.3.5.1 Quantidade mínima de ligante betuminoso

Na abordagem codificada em França nos anos 50, para uma dada composição de agregados, é definida uma quantidade mínima de ligante betuminoso para assegurar uma boa durabilidade da mistura, utilizando o conceito de *"módulo de riqueza: K"* $(2 \le k \le 2.6$. *para GB e* $3.3 \le k \le 3.9$. *para BB).* Esta quantidade, que é proporcional a uma espessura convencional da película de ligante que reveste os agregados, é dada pela seguinte expressão que relaciona *"K"* com o teor de ligante *"TL"* e com a *"superfície específica convencional dos agregados:* Σ *»* (Eq. III. 1):

$$TL = K * \alpha \sqrt[5]{\Sigma} \qquad (\%) \qquad (Eq.\ III.1)$$

Ou :

a: Coeficiente de correção relativo à massa volúmica dos agregados calculado através da expressão seguinte (MVRg é a massa volúmica real dos agregados) (Eq. III.2) :

$$\alpha = \frac{2.65}{MVR_g} \qquad (-) \qquad (Eq.\ III.2)$$

Σ : A área de superfície específica convencional é calculada utilizando a expressão (Eq. III.3):

$$100\Sigma = 0.25G + 2.3S + 13s + 135f \qquad (-) \qquad (Eq.\ III.3)$$

Com proporções de massa :
G : elementos maiores que 6,3 mm ;
S : elementos entre 6,3 mm e 0,315 mm ;
s : elementos entre 0,315 mm e 0,08 mm ;
f: elementos mais pequenos do que 0,08 mm.

III.3.5.2 Ensaio de prensagem por cisalhamento giratório

A composição da mistura é escolhida com base na experiência anterior e o seu comportamento durante a compactação é estimado através do ensaio *"gyratory shear press"*. Uma quantidade predefinida da mistura de hidrocarbonetos, aquecida à temperatura normalmente utilizada no fabrico de misturas asfálticas numa central, é colocada num molde cilíndrico com um diâmetro de 150 mm ou 160 mm. A compactação é obtida pela ação simultânea de :

Uma força de compressão estática bastante baixa correspondente a uma pressão de 0,6 MPa;

Uma deformação do tubo de ensaio que é necessária para que o seu eixo longitudinal descreva uma superfície cónica de revolução, com vértice *"O"* e ângulo de vértice *"2a"*, enquanto as superfícies das extremidades do tubo de ensaio permanecem substancialmente horizontais. O ângulo *"a"* é aproximadamente *"1°"*. É determinado para cada tipo de máquina, de modo a obter percentagens fixas de vazios em materiais tomados como referência. A velocidade de rotação tem pouca influência no resultado, sendo geralmente considerada igual a *"30 rpm"*.

A interpretação do ensaio, do ponto de vista da avaliação do comportamento durante a compactação da mistura, é feita considerando os valores da percentagem de vazios obtidos, em geral, após *"10 giros"* e após um *"número de giros: Ng"* de [25, 40, 60, 80, 100, 120 ou 200] que depende do tipo de mistura em estudo. Após *"10 giros"*, é geralmente especificado um valor mínimo para a percentagem de vazios (da ordem de *"14%"* para os materiais da camada de base), a fim de evitar uma mistura demasiado fácil de manusear, que se revelaria difícil de compactar sem deformação excessiva e que conduziria a um material que se revelaria também instável ao tráfego.

Após "Ng girations", é especificada uma gama de valores para a percentagem de vazios (para betões betuminosos comuns utilizados em camadas de superfície, a percentagem de vazios deve situar-se entre 5% e 10%. Para as misturas destinadas às camadas de base, apenas é especificado o valor máximo, que pode atingir os 11%). O valor máximo destina-se a assegurar a durabilidade da mistura, enquanto o valor mínimo se destina a evitar uma compactação excessiva, que favoreceria a instabilidade da mistura e o desenvolvimento de sulcos devidos à fluência sob o tráfego, bem como a assegurar a manutenção de uma macro-textura suficiente para as camadas de desgaste.

III.3.6 Método belga "Formulação CRR

O "Centre de Recherche Routiere: CRR" belga desenvolveu igualmente um método de conceção de misturas para misturas betuminosas. Este caracteriza-se pelo facto de ser analítico; a utilização de um ensaio de laboratório só se justifica como meio de verificação dos valores determinados pelo projeto de mistura volumétrica. O procedimento de conceção das misturas é identificado na Figura III.4 e pode ser resumido em três fases (CRR 1987, 1997):

III.3.6.1 Seleção e caraterização dos materiais

Tal como para os outros métodos, a escolha dos componentes da mistura é de grande importância para o resultado e o desempenho do revestimento. É importante conhecer as características físicas dos agregados (granulometria, dureza, limpeza, etc.) e do ligante (penetração, suscetibilidade térmica, etc.) (Figura III.4).

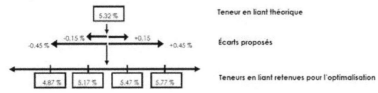

Teor teórico de aglutinante
Diferenças propostas
Teor de aglutinante utilizado para otimização

Figura III.4 - Exemplo de seleção do teor de ligante para otimização da compactibilidade.

III.3.6.2 Formulação baseada num método analítico

A composição de uma mistura deve ser previamente concebida com base num método analítico que tenha em conta os parâmetros importantes. Esta fase está integrada no "*software específico PRADO*".

III.3.6.3 Verificação dos resultados da formulação

A utilização de um ensaio de laboratório permite verificar os resultados da formulação analítica e, se necessário, corrigir eventuais discrepâncias, actuando quer sobre a composição quer sobre os materiais. Só quando o ensaio está de acordo com os resultados é que se pode passar à fase final, que é a passagem de uma formulação volumétrica para uma formulação mássica, utilizando as densidades dos componentes, e o cálculo das características mecânicas da mistura assim obtida.

III.3.7 Método de formulação utilizado na Argélia

A "*formulação na Argélia*" baseia-se na "*verificação das características dos componentes*", bem como nos dois ensaios "*Duriez*" e "*Marshall*", de acordo com os materiais granulares. É escolhida uma fórmula que dá uma mistura com a melhor "*compactabilidade*" e que pode dar uma melhor "*estabilidade à mistura de hidrocarbonetos*". As fracções granulares são escolhidas de entre as seguintes: "*0/3, 3/8, 8/15*", as características dos agregados são representadas como se segue (Quadro III.1):

Quadro III.1 - Fracções granulares "0/14" das misturas betuminosas "BB-0/14".

Capacidade do crivo (mm)	BB-0/14
20	-

59

14	94-100
10	72-84
6.3	50-66
2	28-40
0.08	7-10

Por definição, o teor de betume é a massa de ligante sobre a massa de agregados secos expressa em percentagem, e para isso utiliza-se a fórmula *"Eq. V.1"* descrita no *"parágrafo V.3.5"*. *Compacidade: C"* é uma consequência direta da formulação, para este cálculo é necessário conhecer a densidade aparente do provete $^{; «\ \gamma_{app}\ »}$, a densidade do betume $^{«\ \gamma_{b}\ »}$, a densidade de cada um dos agregados *" «γ_{G1}, γ_{G3} γ_{G2},...etc.* »$, as percentagens em peso de cada um dos constituintes em relação a 100 (ligante e fíler incluídos). A densidade real *"γ_{rel}"* do material revestido é assim calculada da seguinte forma (Eq. III.4):

$$\gamma_{rel} = \frac{100}{\left(P_b/\gamma_b\right) + \left(P_{G1}/\gamma_{G1}\right) + \left(P_{G2}/\gamma_{G2}\right) + \cdots} \qquad (kN/m^3) \qquad (Eq.\ III.4)$$

Ou :

γ_{app} : a densidade aparente do tubo de ensaio ;

γ_b : a densidade do betume ;

γ_{G1}, γ_{G2}, γ_{G3} ... etc. : as densidades dos agregados 1, 2, 3, etc. ;

Pb: a percentagem em peso de betume ;

PG1, PG2, PG3 - etc. as percentagens em peso dos agregados.

A percentagem volumétrica de vazios *"VV"* no provete é determinada pela fórmula descrita abaixo (Eq. III.5):

$$V_V = \frac{\left(\gamma_{rel} - \gamma_{app}\right)}{\gamma_{rel}} * 100 \qquad (\%) \qquad (Eq.\ III.5)$$

A compacidade *"C"* da mistura é determinada pela seguinte fórmula (Eq. III.6) :

$$C = 100 - V_V \qquad (\%) \qquad (Eq.\ III.6)$$

III.3.8 Parâmetros que influenciam a escolha de uma formulação

As principais características consistem na escolha dos agregados, do ligante e dos aditivos utilizados no fabrico do revestimento. Isto baseia-se nas seguintes considerações:

Tráfego; volume, percentagem de veículos pesados de mercadorias, carga por eixo ;

Clima: pluviosidade, geadas, temperatura, insolação;

Posição da camada: camada de desgaste, base, fundação ligada ;

Função da camada: aderência, permeabilidade, ruído, sulcos, etc.

III.4 Fases e procedimento de formulação do BB

111.4.1 Fases de formulação do "BB

As diferentes etapas da formulação do betão betuminoso podem ser resumidas no esquema seguinte (Figura III.5):

Nota:

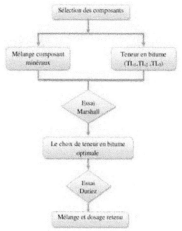

Figura III.5 - Fases da formulação.

As características dos agregados utilizados na conceção da mistura devem ser determinadas pelos ensaios seguintes:

Densidade (NF P18-560) ;
Análise química sumária (NF 15-461) ;
Análise granulométrica (NF P18-560) ;
10% de equivalente de areia fina (NF P18-597) ;
Limpeza da superfície (NF P18-591) ;
Ensaios de aplanamento (NF P18-561) ;
Teste de Los Angeles (NF P18-573) ;
Ensaio de microdesenvolvimento na presença de água (MDE) (NF P18-572).

111.4.2 Equipamentos e procedimentos de ensaio
III.4.2.1 Ensaio Marshall

O conceito do ensaio Marshall foi desenvolvido por "*Bruce Marshall*" em 1948 no Departamento de Estradas do Estado do Mississippi, EUA. Este ensaio permite medir, em laboratório, a resistência de um provete à deformação sob a aplicação gradual de uma carga, a uma dada temperatura e energia de compactação, e a deformação sofrida por esse provete no momento da rotura sob a aplicação da carga máxima, conhecida como "*estabilidade*" e "*fluência Marshall*". Estes últimos factores dão uma indicação da qualidade global da mistura, incluindo a escolha e a dosagem dos constituintes para obter a melhor composição ou formulação para uma mistura (a estabilidade tem um máximo para um determinado teor de betume, depois diminui).

III.4.2.1.1 Princípio do ensaio

O ensaio de estabilidade Marshall é um ensaio de compressão aplicado ao longo da geratriz de um provete cilíndrico semi-trançado (Figura III.6). Esta compressão é aplicada ao provete após 30 minutos de imersão num banho de água a 60°C, e a uma velocidade de 0,85mm/s ± 0,1mm/s

Figura III.6 - Máquina de ensaio Marshall.

III.4.2.1.2 Procedimento de ensaio

Uma vez preparados os tubos de ensaio, uma parte é utilizada para determinar a densidade aparente e a outra para determinar a estabilidade e a fluência. Os provetes são imersos no banho termostático regulado a 60°C ± 0,5°C com as maxilas de esmagamento durante 30 min (± 1 min). Durante este tempo, é também instalado o dispositivo de controlo da velocidade regulado para uma velocidade de 0,85 mm/s ± 0,1 mm/s. O provete é colocado nas maxilas de esmagamento e o conjunto é transportado entre as placas da prensa para ser submetido ao ensaio de compressão. Estas operações devem ser efectuadas em menos de um minuto. A rutura ocorre quando a máquina pára, e os valores indicados no ecrã da máquina para *"estabilidade"* e *"fluência"* são então anotados (NF P98-251-2). As mesmas operações são efectuadas para todos os provetes produzidos.

III.4.2.1.3 Expressão dos resultados

Este ensaio permite obter a tensão na fratura, que é dada pela seguinte equação (Eq. III.7):

$$\sigma_{rupture} = \frac{2P}{\pi hD} \qquad (N/mm^2) \qquad (Eq.\ III.7)$$

Ou :

P: carga de rutura (N)

h : altura da amostra (mm)

D : diâmetro da peça de ensaio (mm)

A deformação na fratura durante o ensaio a 45°C é também calculada (Eq. III.8):

$$\varepsilon_{rupture}(45°C) = \frac{\Delta D}{D} \qquad (-) \qquad (Eq.\ III.8)$$

Ou :

$\Delta D =$ deformação vertical

D = diâmetro do tubo de ensaio

III.4.2.2 Ensaio de Duriez

O objetivo do ensaio *"Duriez"* ou *de "compressão-imersão"* é caraterizar a resistência à compressão e a resistência à descamação pela água dos materiais revestidos. Este ensaio é utilizado para determinar a resistência à água de uma mistura de hidrocarbonetos a 18°C para uma dada compactação, com base na relação da resistência à compressão antes e depois da imersão dos provetes. O ensaio *"Duriez"* é realizado sobre os provetes que apresentam a melhor *"estabilidade Marshall"* correspondente ao teor *"ótimo de betume"*.

III.4.2.2.1 Princípio do ensaio

Os corpos de prova necessários para o ensaio são produzidos por compactação estática de dupla ação. Os provetes são submetidos ao ensaio de compressão após armazenamento a 18°C em condições definidas: alguns provetes ao ar, outros imersos durante 7 dias. A resistência à água é caracterizada pela relação entre as resistências antes e depois da imersão (Figura V.7).

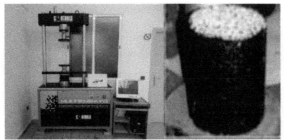

Figura III.7 - Máquina de ensaios Duriez com um exemplo de um provete fabricado.

III.4.2.2.2 Procedimento de ensaio

Sendo D o dia em que os tubos de ensaio são fabricados, o armazenamento sem imersão começa no dia *"D + 1"*. Os tubos de ensaio são armazenados a 18°C ± 1°C e num ambiente com 50% ± 10% de humidade relativa durante 7 dias. No dia *"D +8"*, os tubos de ensaio são submetidos ao ensaio de compressão, quer tenham sido armazenados com ou sem imersão. Para cada tubo de ensaio, o tempo entre a saída do dispositivo de manutenção da temperatura e o início da trituração é inferior a 2 min. A velocidade do cilindro de prensagem é fixada em 1 mm ± 0,1 mm. A *"resistência à compressão simples"* é determinada a partir da carga máxima de rotura do provete expressa em *"Kg"*, dividindo por 50 obtém-se a *"resistência à compressão"* expressa em *"Kg/cm² "* que se designa por *"estabilidade Duriez"* (NF P98-251-1). Os mesmos passos são seguidos para todos os provetes produzidos.

III.4.3 Produção de provetes para os ensaios "Marshall" e "Duriez"

A preparação correcta dos provetes de ensaio é um passo essencial. Os provetes de betão asfáltico são feitos de acordo com o tipo de ensaio, *"Marshall"* ou *"Duriez"*.

111.4.3.1   Preparação de misturas

As misturas asfálticas podem ser preparadas em laboratório de acordo com a norma NFP 98-250-1 para o ensaio *"Marshall"* ou para o ensaio *"Duriez"*.

111.4.3.1.1   Preparação dos agregados

Cada tipo de agregado utilizado na composição da mistura de hidrocarbonetos deve ser objeto de uma amostragem em conformidade com a norma NF P18-553 *"Preparação de uma amostra para ensaio"*. Os diferentes agregados são aquecidos em recipientes numa estufa a 160°C.

111.4.3.1.2   Preparação do aglutinante

Retira-se uma quantidade de ligante correspondente às necessidades do ensaio, sem exceder 100°C. A pasta recolhida é colocada num recipiente cheio e selado. A pasta é aquecida em duas fases:

O recipiente cheio e selado é colocado num forno e aquecido até à temperatura de referência (geralmente entre 140°C e 180°C);

O recipiente é colocado sobre uma placa de aquecimento e o seu conteúdo é agitado constantemente para homogeneizar a sua temperatura e mantê-lo à temperatura de referência. Esta operação não deve durar mais de 10 minutos.

A temperatura de referência para a preparação das misturas é definida de acordo com a categoria do ligante hidrocarbonado utilizado da seguinte forma (NFP 98-250-1): Betume 80/100: 140°C ± 5°C, Betume 60/70: 150°C ± 5°C, Betume 40/50: 160°C ± 5°C e Betume 20/30: 180°C ± 5°C.

111.4.3.1.3   Mistura

O depósito que contém os agregados a misturar é colocado sobre o misturador, tentando reduzir ao mínimo as perdas de temperatura. O misturador funciona durante 30s ± 5s para homogeneizar as areias. Se o ligante for vertido de uma só vez, a massa de ligante não deve exceder 1% da massa teórica de ligante, caso contrário o lote será rejeitado. O tempo de mistura deve resultar numa mistura visualmente homogénea, pelo que o tempo total de mistura é de 2 a 3 minutos. Uma vez terminada a mistura, esta deve ser utilizada imediatamente antes de arrefecer, caso contrário a pasta será rejeitada.

A massa do betume é calculada a partir da massa dos agregados, de acordo com a fórmula seguinte (Eq. III.9):

$$ML = \frac{(MA * TL)}{100} \qquad (g) \qquad (Eq. \, III.9)$$

Ou

ML: massa de betume (ligante) utilizada (g) ;
MA: a massa da mistura de agregados utilizada (g) ;
TL: Teor de betume (ligante) utilizado numa mistura (%).

111.4.3.2   Fazer os tubos de ensaio para o teste "Marshall

III.4.3.2.1 Enchimento e compactação do molde

Pesar uma quantidade m igual a 1200 g de mistura com uma aproximação de 0,1% em valor relativo. Após a colocação de um disco de papel no fundo do molde, os moldes são aquecidos à temperatura de referência para a preparação dos tubos de ensaio durante um mínimo de 2 horas, o riser é colocado no lugar e a mistura é introduzida no molde numa única operação, ligeiramente revestida com oleato de sódio de glicerina (Figura III.8).

Figura III.8 - Enchimento do molde e compactação.

O segundo disco de papel é então colocado por cima da mistura. Colocar os moldes na máquina e compactar com 50 pancadas durante 55 ± 5 segundos. Desmonta-se e volta-se a montar o molde, trocando a base e o topo, e repete-se o alisamento. O número total de pancadas é de 100. O molde é mantido durante pelo menos 5 horas à temperatura ambiente (15 a 25° C) após a compactação.

III.4.3.2.2 Desmoldagem

Depois de os moldes terem arrefecido e estarem prontos para serem desmoldados, o tubo de ensaio é passado através do tubo ascendente com a ajuda do pistão extrator e da prensa, como se mostra na (Figura III.9). Os outros tubos de ensaio são fabricados seguindo os mesmos passos acima descritos.

Figura III. 9 - Operação de desmoldagem.

Quando os provetes de ensaio estão prontos, o ensaio Marshall é iniciado e os seguintes parâmetros são determinados:
A densidade aparente do tubo de ensaio e a densidade teórica (absoluta) do tubo de ensaio ;

64

Compacidade do tubo de ensaio ;

% de vazios residuais ou vazios na peça de ensaio; % de vazios ocupados por ar e betume (vazios no agregado) e % de vazios preenchidos por betume;

Deformação Marshall ou fluência em *"mm"* e estabilidade Marshall em *"Kg"*.

III.4.3.2.1 Tubo de ensaio após a preparação

Tal como para os outros métodos de análise, o tubo de ensaio Marshall é determinado através do fabrico de um tubo de ensaio cilíndrico (Figura III.10), com uma massa indicativa de 1200 g, um diâmetro de 105 mm e uma altura teórica de 63,5 mm.

Figura III.10 - Provete após preparação para o ensaio Marshall.

1.1.1.1.1 Produção de tubos de ensaio para o teste "Duriez
1.1.1.1.2 Enchimento e compactação de moldes

Coloca-se um pistão no fundo do molde. A mistura é introduzida de uma só vez no molde, que é muito ligeiramente revestido com oleato de sódio e glicerina (os moldes são levados à temperatura de referência para a preparação dos tubos de ensaio durante pelo menos 2 h) antes da operação (Figura III.11).

Figura III. 11 - Enchimento do molde e compactação.

Os moldes cheios são então colocados num forno a uma temperatura próxima da temperatura de referência, onde são deixados entre 30 minutos e 2 horas. O cilindro cheio é ajustado e transportado entre as placas de prensagem.

A compactação dos provetes deve ser efectuada por duplo efeito (as operações devem ser realizadas de modo a evitar ao máximo as perdas de temperatura). A pressão é mantida durante cinco minutos, tendo em conta que a carga aplicada é da ordem dos 60 kN ± 0,5%. Os provetes são mantidos deitados nos seus moldes durante pelo menos 4 horas até atingirem a temperatura ambiente, sendo depois desmoldados.

1.1.1.1.3 Desmoldagem

A desmoldagem é efectuada com uma prensa. Os espécimes extraídos são divididos em dois lotes, os espécimes do primeiro lote (2 em número) destinam-se a determinar a densidade aparente e os espécimes do segundo lote destinam-se ao ensaio de resistência à compressão.

Os tubos de ensaio do segundo lote foram divididos da seguinte forma: dois tubos de ensaio foram feitos sem imersão e os outros dois foram feitos com imersão, todos eles foram colocados num armário especial a 18°C ± 0,5°C durante 7 dias. Os parâmetros obtidos neste teste são :

A densidade aparente do tubo de ensaio ;

A densidade verdadeira ou teórica (absoluta) do tubo de ensaio ;

Compacidade do tubo de ensaio ;

%   vazios residuais ou vazios no tubo de ensaio ;

%   espaços de cobertura com betume;

Resistência à compressão "r" após imersão durante 7 dias a 18°C em Kg/cm^2 ;

Resistência à compressão "R" antes da imersão a 18°C em Kg/cm^2 ;

O rácio "r/R" ;

A percentagem de imersão "W".

1.1.1   .3.3.1 Tubo de ensaio após a preparação

O tubo de ensaio *"Duriez"* é determinado através do fabrico de um tubo de ensaio cilíndrico (Figura III.12), com uma massa indicativa de 1000 g, 80 mm de diâmetro e 190 mm de altura.

Figura III.12 - *Provete após preparação para o ensaio de Duriez.*

III.5 Ensaio de desempenho de misturas formuladas

Existem vários tipos de ensaios para determinar o desempenho das misturas formuladas:

1.1.2   Ensaio de cio

O ensaio de cio é utilizado para estudar as misturas betuminosas destinadas a estradas com tráfego pesado e muito pesado. É utilizado para avaliar a resistência ao cio das camadas de desgaste e das camadas de base destinadas aos tipos de tráfego acima descritos, em condições comparáveis às encontradas nas faixas de rodagem. O ensaio caracteriza-se pela determinação da profundidade do sulco provocado pela passagem repetida de um pneu sobre uma placa de revestimento a 60°C para as camadas de desgaste e a 50°C para as camadas de base.

O aparelho de ensaio de cio *"LPC"* do Laboratoire Central des Ponts et Chaussees (LCPC), em França, é utilizado com sucesso há mais de 20 anos para prevenir o risco de cio dos pavimentos, nomeadamente em França, na Bélgica e na Suíça (LAVOC). É também utilizado por laboratórios na Argélia (Figura III.13).

O *LPC* orniereur é um instrumento de laboratório para testar :

A suscetibilidade das misturas betuminosas ao afundamento;

A resistência das camadas de desgaste betuminosas, nomeadamente as camadas de revestimento e as camadas finas, às tensões tangenciais.

***Figura III.13** - Arredondador da LCP.*

O tubo de ensaio paralelepipédico é fabricado numa mesa de compactação *"LPC"* ou retirado de uma estrada. O arredondador, equipado com 2 berços independentes, permite ensaiar 2 tubos de ensaio em paralelo, com ou sem parâmetros idênticos. A superfície de cada provete é submetida às tensões de uma roda montada num carro acionado por um movimento recíproco sinusoidal. A carga é aplicada por um cilindro que actua no berço de suporte de cada provete. Pode ser introduzido um efeito de corte lateral alterando o ângulo da roda em relação à direção de deslocação. O simulador é fechado e isolado termicamente. Isto significa que os ensaios podem ser efectuados a uma temperatura regulada e constante. As principais características do cio *"LCP"* são as seguintes

Dimensões da placa: L * B * H = 500 * 180 * máx. 140 mm ;

Carga do cilindro: máx. 5 kN ;

Pressão dos pneus: 0,100 a 0,700 MPa ;

Frequência: 7200 passagens/hora;

Ensaio efectuado simultaneamente em 2 placas, duração do ensaio para uma fórmula: 5 dias.

O resultado do ensaio é a profundidade do sulco ou a deformação em percentagem da altura inicial da peça de ensaio Pi%. A deformação admissível *"Pi%"* é bastante inferior a 10%.

1.1.3 Ensaio de fadiga

Este ensaio consiste em submeter um provete trapezoidal de betão, embutido na sua base, a uma carga de flexão através do seu bordo livre. Esta carga é imposta por deslocamento. Por outras palavras, é imposto um deslocamento sinusoidal de amplitude constante na extremidade do provete e assume-se que a rotura é atingida quando a força necessária para obter a deformação é igual a metade da força inicial.

O ensaio de fadiga por flexão em dois pontos consiste em submeter um provete trapezoidal embutido na sua grande base a uma carga de flexão. Esta carga pode ser aplicada de duas maneiras:

Deslocamento imposto: é imposto um deslocamento sinusoidal de amplitude constante na extremidade do provete e assume-se que a rotura é atingida quando a força necessária para obter a deformação é igual a metade da força inicial;

Força imposta: uma força sinusoidal de amplitude constante é aplicada à extremidade do provete e assume-se que a rotura é atingida quando o módulo de rigidez é metade do módulo inicial.

A uma temperatura, o ensaio é repetido a vários níveis de deformação, permitindo estabelecer a curva de fadiga *"N=f(e)"*, em que *"N"* é o número de cargas que provocam a rotura e *"e"* é a deformação numa fibra exterior do provete (h = 250, B = 56, b = 25, e = 25 mm). Note-se que a frequência de excitação é de 10 a 40 Hz e a amplitude do deslocamento na cabeça do provete é de 0 a 1,4 mm.

1.1.4 Ensaio de módulo complexo

Este ensaio caracteriza o comportamento viscoelástico das misturas em função da frequência e da temperatura. O ensaio de módulo é efectuado sobre um provete trapezoidal embutido na sua base e, na extremidade livre, é imposto um deslocamento sinusoidal muito pequeno de amplitude constante, criando uma flexão do corpo de prova simulando o efeito do tráfego. A partir da força resultante, o módulo é calculado numa gama de temperaturas de *"-10 a 40°C"*, e para cada temperatura são utilizados quatro níveis de frequência: *"1, 3, 10 e 30 Hz"*.

III.6 Conclusão

Este último capítulo descreve a maior parte dos diferentes tipos de betume e de betão betuminoso, os vários métodos de conceção de misturas e os principais ensaios de identificação dos materiais utilizados na conceção de misturas de betão betuminoso, bem como os vários ensaios de verificação do desempenho das misturas formuladas.

CONCLUSÃO GERAL

Em conclusão, este livro intitulado **"Degradação de Pavimentos Rodoviários, Ensaios Rodoviários e Formulação"** fornece uma exploração aprofundada dos principais aspectos relacionados com a construção e reavaliação de pavimentos rodoviários. Os três capítulos abrangem áreas-chave da engenharia rodoviária, proporcionando aos leitores uma compreensão abrangente dos processos e desafios associados.

No primeiro capítulo, examinámos os critérios, os modos e os métodos de avaliação da deterioração dos pavimentos rodoviários. O segundo capítulo centrou-se nos ensaios de identificação das estradas, que permitem identificar as características e as propriedades dos pavimentos rodoviários. Examinámos os métodos de ensaio em laboratório e no terreno, tendo em conta as cargas de tráfego e as condições ambientais. Estes elementos são essenciais para uma conceção adequada dos pavimentos rodoviários. No terceiro capítulo, aprofundamos a formulação do betão betuminoso utilizado na construção de pavimentos, explorando os componentes, os processos de mistura e de fabrico, bem como as considerações relativas à durabilidade e ao desempenho dos pavimentos. A compreensão da formulação dos materiais é crucial para garantir pavimentos de elevada qualidade e resistentes à degradação.

Este livro foi concebido em conformidade com o programa de estudos oficial do Ministério do Ensino Superior e da Investigação Científica da Argélia (MESRS). O seu objetivo é ajudar os estudantes de engenharia rodoviária a desenvolver as competências necessárias para enfrentar os desafios da construção de pavimentos rodoviários.

Oferecendo uma combinação de conhecimentos teóricos e práticos, cada capítulo fornece uma compreensão aprofundada das diferentes fases da construção, avaliação e conceção de misturas asfálticas para pavimentos rodoviários.

Este livro é um guia inestimável para estudantes de engenharia rodoviária, ajudando-os a desenvolver conhecimentos sólidos na construção e avaliação de pavimentos rodoviários. Permitir-lhes-á enfrentar com sucesso os desafios com que se depararão na sua futura prática profissional, contribuindo para a criação de infra-estruturas rodoviárias sustentáveis e de elevada qualidade.

REFERÊNCIAS BIBLIOGRÁFICAS

1. **Alloul, B. (1981)**. Etude geologique et geotechnique des tufs calcaires et gypseux en vue de leur valorisation en technique routiere. Tese de doutoramento, Universidade de Paris IV.
2. **Instituto do Asfalto (1997)**. Métodos de projeto de misturas. Manual Series No.2 (MS-02). Asphalt Institute, Lexington, KY.
3. **Instituto do Asfalto (2001)**. Projeto de misturas Superpave. Superpave Series No.2 (SP-02). Asphalt Institute, Lexington, KY.
4. **ASTM D4318 (2000)**. Métodos de ensaio normalizados para o limite líquido, limite plástico e índice de plasticidade dos solos. Annual book of ASTM Standards, American Society of Testing and Materials, EUA, 04:08, doi: 10.1520/D4318.
5. **ASTM D698 (2000)**. Métodos de ensaio normalizados para as características de compactação do solo em laboratório, utilizando esforços normalizados. Livro anual de normas ASTM, American Society of Testing and Materials, EUA, 04:08.
6. **Atterberg, A. (1911)**. O comportamento das argilas com água, os seus limites de plasticidade e os seus graus de plasticidade. Internationale Mitteilungen fur Bodenkunde, vol. 1, p. 10-43.
7. **BLPC (1998)**. Boletim dos Laboratórios de Pontes e Correntes.
8. **Bonaquist R.F., Christensen D.W., Stump W. (2003)**. Testador de desempenho simples para a conceção de misturas Superpave: desenvolvimento e avaliação do primeiro artigo. Relatório NCHRP 513, Washington D.C.
9. **CEBTP-LCPC (1985)**. Manuel pour le renforcement des chaussees souples en pays tropicaux. República Francesa, Ministério das Relações Exteriores, Cooperação e Desenvolvimento, 166p.
10. **Centre de Recherches Routieres, CRR (1987)**. Código de boas práticas para a formulação de enrobes bitumineux denses. Recomendações C.R.R. - R 61/87.
11. **Centre de Recherches Routieres, CRR (1997)**. Código de boas práticas para a formulação de enrobes bitumineux denses. Recomendações C.R.R. - R 69/97.
12. **Coquand, R. (1969)**. Routes-Vol. 1: Circulation-trace-construction; Vol. 2: Construction et entretien. Paris: Eyrolles. Pp. 285.
13. **Costet, J e Sanglerat, G. (1983)**. Cours pratique de mecanique des sols.4eme trimestre: Dunod, Pp. 442.
14. **CTTP (1995)**. Guia de contacto rodoviário. Controlo Técnico dos Trabalhos Públicos, Argélia.
15. **CTTP (1996)**. Guia de reabilitação de estradas. Controlo técnico dos trabalhos públicos, Fascículo 01, Argélia.
16. **CTTP (2000)**. Recomendação da Argélia sobre a utilização de betumes e enrobes bituminosos a quente.
17. **EN 933-2 (2020)**. Ensaios das propriedades geométricas dos agregados - Parte 2: Determinação da distribuição granulométrica - Peneiras de ensaio, dimensão nominal das aberturas.
18. **EN 933-8 (1999)**. Ensaios das propriedades geométricas dos agregados - Parte 8: Avaliação dos finos - Ensaio do equivalente em areia, Diretiva 89/106/CEE, corpo técnico CEN/TC. p. 154.
19. **Fascículo 3 (2015)**. Catalogue de dimensionnement des Chaussees Neuves Fascicule3 Fiches Techniques de Dimensionnement. Pp. 68-73.
20. **Gadouri, H, Harichane, K, e Ghrici, M. (2019)**. Efeito dos sulfatos e do período de cura nas curvas de tensão-deformação e nos modos de falha das misturas solo-cal-natural de pozolana. Marine Georesources & Geotechnology, 37(9), 1130-1148.
21. **Joeffroy, G. e Sauterey, R. (1991)**. Dimensionnement des chaussees. Paris: Presses de l'Ecole Nationale des Ponts et Chaussees, Pp. 173-174.
22. **Joubert, P et al (2006)**. Application du modele GiRR pour la programmation de travaux d'entretien au Montenegro. Laboratoire central des ponts et chaussees (LCPC), Bulletin des laboratoires des Ponts et Chaussees, (BLPC). n°265, Pp. 61-87.
23. **LCPC (1991)**. La methode VIZIR : Methode assistee par ordinateur pour l'estimation des besoins en entretien d'un reseau routier. Laboratoire Central des Ponts et Chaussees (LPCP), Paris, Pp. 63.
24. **LCPC-GTR (2000)**. Realização de remblais e de camadas de forma. Fascículo 1, Princípios gerais, Cerema, França.
25. **LCPC-IFSTTAR (1998)**. Catalogue des degradations de surface des chaussees (Catálogo das degradações da superfície das correntes), Instituto Francês das Ciências e Técnicas dos Reservatórios, da Gestão Ambiental e dos Transportes (IFSTTAR). Laboratoire centrale des ponts et chaussees (LCPC), n° 58, Boulevard Lefebvre-75732, Paris, CEDEX 15.

26. **LCPC-SETRA (1985)**. Diretiva para a realização de ensaios de correntes em sabres para correntes hidráulicas. Paris: Bagneux, França.

27. **LCPC-SETRA (1998)**. Catálogo das estruturas de tipos de correntes novas. Paris: ministres de l'equipement des transports et du logement; Bagneux, Pp. 297.

28. **LCPC-SETRA (2000)**. Guia dos terraços de estrada: Realização dos rebordos e das camadas de forma. Guia técnico, França.

29. **LCPC-VIZIR (1991)**. Método assistido por computador para a estimativa das necessidades de manutenção de um sistema de controlo, 64p.

30. **MTQ-AIMQ (2002)**. Manuel d'identification des degradations des chaussees souples (MIDCS). Ministere des transports de Quebec (MTQ), Association des ingenieurs municipaux du Quebec (AIMQ), Pp. 58, Quebec, Canadá.

31. **NF EN 933-8 (1999)**. Essais pour determiner les caracteristiques geometriques des granulats - Partie 8: Evaluation des fines - Equivalent de sable, Paris, Association Fran^aise de Normalisation (AFNOR). substitui as normas experimentais francesas P. 18-597, P. 18-598.

32. **NF P 15-301 (2015)**. Ligantes hidráulicos - Definição - Classificação e especificações dos cimentos.

33. **NF P 94-093 (2014)**. Sols : reconnaissance et essais - Determination des caracteristiques de compactage d'un sol par l'essai Proctor normal et Proctor modifie.

34. **NF P 98-253-1 (1991)**. Deformação permanente dos hidrocarbonetos fundidos, parte 1: Ensaio de ornamentação. p. 11, França.

35. **NF P94-051 (1993)**. Sols : Reconnaissance et essais - Determination des limites d'Atterberg - Limite de liquidite a la coupelle - Limite de plasticite au rouleau.

36. **Norma suíça VSS SN 640 925a (1997)**. Levantamento e avaliação do estado das estradas. Suíça.

37. **NTAR-B40 (1977)**. Normas técnicas de gestão das estradas (NTAR): Estudos técnicos e económicos dos serviços de transportes rodoviários. Niveau de service et normes, Ministre des Travaux Publics, Algerie. https://geniecivilettravauxpublics.blogspot.com/2012/09/normes-techniques-algerienne-b-40.html.

38. **Perret J., Dumont A.-G., Turtschy J.-C., Ould-Henia M., (2001)**. Avaliação dos desempenhos de novos revestimentos: 1 parte: tubos de alto módulo. Relatório OFROU n.º 1000.

39. **Relatório de Consenso da Equipa Forense WesTrack "WTFTCR" (2001)**. Guia de conceção de misturas Superpave. Washington D.C.

40. **XP P 18-540 (1997)**. Agregados: Definições, conformidade e especificações. AFNOR, P 18-540, ICS:91.100.20, França.

Milton Keynes UK
Ingram Content Group UK Ltd.
UKHW011143010424
440421UK00001B/227